ALTA ITALIA
Lichterfelde-Anh. Bhf
ELEKTRISCHE STRASSENBAHNEN GR. LICHTERFELDE.
14

GABY HUCH

GENIALE ERFINDUNGEN

MADE IN BERLIN

ELSENGOLD

Seite 2: Berliner Erfindungen: Elektrischer Omnibus mit Oberleitung von der Firma Siemens & Halske auf einer Versuchsstrecke in Groß-Lichterfelde, rechts daneben eine elektrische Straßenbahn, Foto um 1902

DAMEN

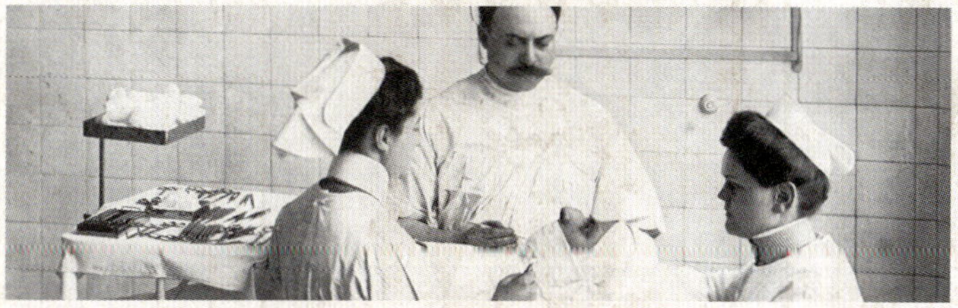

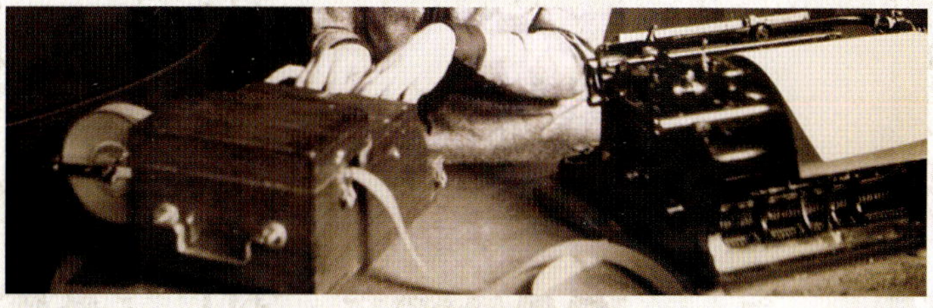

Ohropax-
Geräuschschützer
D.R.W.Z.
No. 158909.
Auslands-
Patente.
Nachahmungen
werden aufs strengste
gerichtlich verfolgt!
Fabrikant
Max Negwer
Apotheker
Fabrik pharmazeut.
Spezialitäten.
Potsdam

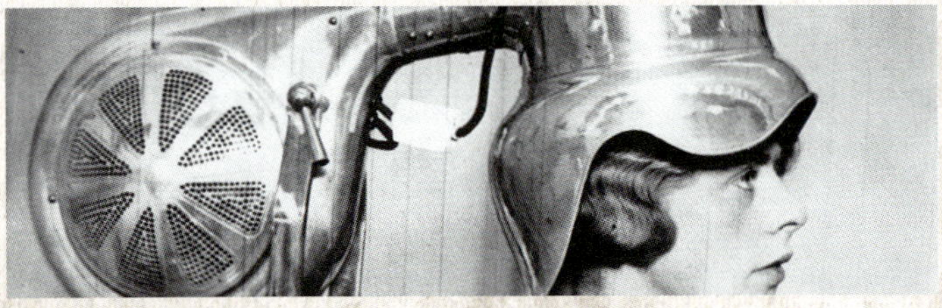

Fromms
ELFENBEINFARBIG
Fromms
TRANSPARENT

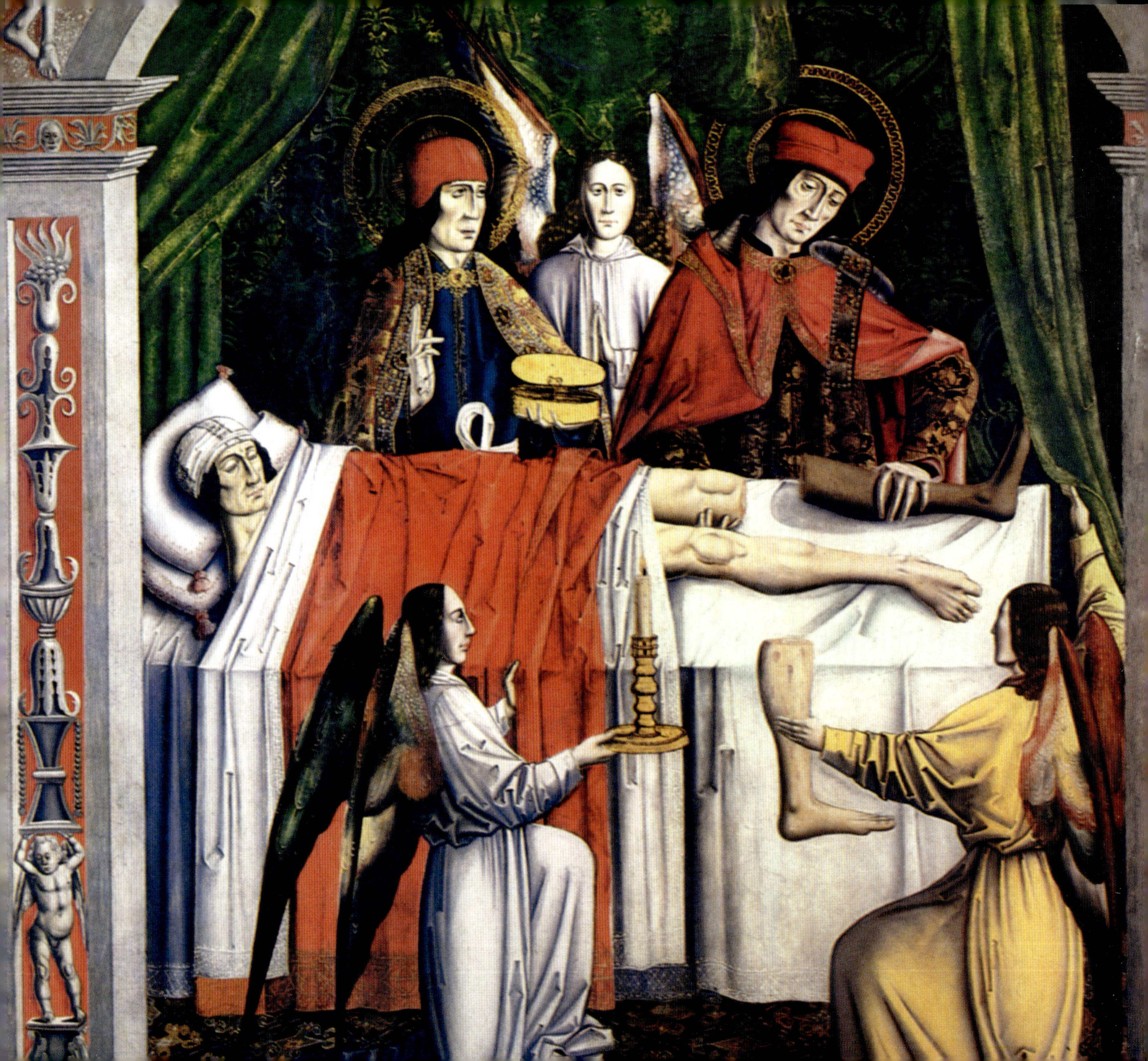

Die Eichlerhand

Meilenstein in der Geschichte der Prothetik

„Den Wiederersatz eines verlorengegangenen oder die Herstellung der Form eines verstümmelten Teils des menschlichen Körpers nennen wir Plastische Chirurgie. Ein großes wichtiges künstlerisches Gebiet, auf dem die Physiologie der Chirurgie die Hand reicht."

Johann Friedrich Dieffenbach,
„Die Operative Chirurgie"

Die Amputation von Gliedmaßen gehört zu den ältesten chirurgischen Eingriffen. Durch Höhlenmalerei wissen wir von Fingeramputationen in der Mittelsteinzeit. In Ägypten stießen Archäologen auf eine Mumie mit einer Holzprothese der Großzehe.

Kriegsverletzungen, Lepra, Knochentuberkulose, Diabetes, Erfrierungen, Tierbisse und Wundbrand waren die häufigsten Ursachen für Amputationen. Da Patienten den Blutverlust bzw. die Wundinfektion nur selten überlebten, war eine Prothesenversorgung bis zum Ende des 19. Jahrhunderts eher nebensächlich. Wenn der Patient überlebte, ersetzte man seine Beine oftmals schlicht durch Holzstelzen, die an den Oberschenkelstumpf geschnallt wurden. Unterschenkelamputierte knieten auf einem Stelzbein.

Die Hand des Götz

Dank der von dem französischen Chirurgen Ambroise Paré (um 1510–90) eingeführten Methode der sogenannten Ligatur erhielt die Prothetik Auftrieb. Indem Paré Hohlorgane oder Leitungsbahnen während der Operation mit einem Seidenfaden verschloss, konnte ein Verbluten verhindert werden, die Überlebenschancen von Amputierten stiegen. Für sie entwickelte Paré Beinprothesen und mechanische Kunsthände, die ein Schmied aus Paris nach seinen Zeichnungen anfertigte.

Ein berühmtes Beispiel einer frühen Kunsthand ist die um 1530 gefertigte zweite eiserne Hand des Götz von Berlichingen, eine 1,5 Kilogramm schwere Metallprothese. Sie war nicht nur im Handgelenk beweglich, sondern ermöglichte auch das Öffnen und Schließen einzelner Finger. Mit der gesunden Hand musste der Träger die Fingerglieder der Prothese in die gewünschte Position bringen, wo sie durch einen Sperrmechanismus arretiert wurden. Nun konnte der Ritter, der um 1504 seine rechte Hand im Kampf verloren hatte, sogar sein Schwert oder einen Federkiel halten.

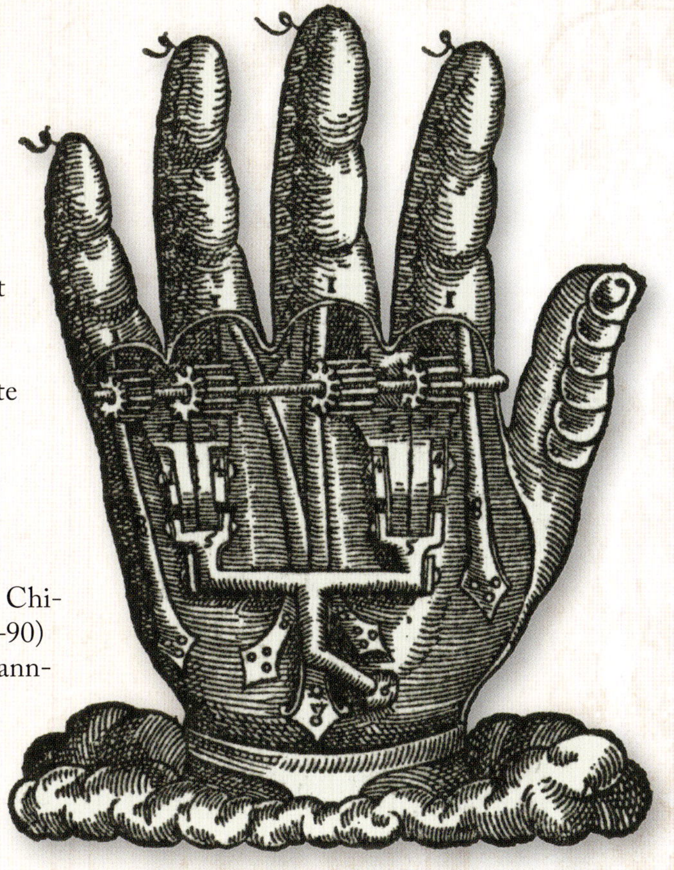

Die Finger der technisch bereits gut durchdachten Handprothese von Ambroise Paré konnten mittels Zahnrädchen bewegt und fixiert werden.

Der Verlust von Gliedmaßen beschäftigt die Menschen seit Jahrtausenden. Die Geschichte einer Beintransplantation durch die beiden Heiligen St. Cosmas und St. Damian war ein oft gewähltes Thema in der Kunst, so auch auf dem Gemälde von Alonso de Sedano um 1500.

Die Quereinsteigerin

Einen Meilenstein in der Prothetik setzte die Bandagistin Margarethe Caroline Eichler. Sie wurde wahrscheinlich um 1808 in Berlin als Tochter des Malers Johann Gottlieb Eichler geboren. Über ihre Schulbildung wissen wir nichts. Um 1826 war sie Kindermädchen bei einer Familie Sperling in Berlin, der Hausherr arbeitete als Diener am Königshof. Später verdingte sie sich als Krankenpflegerin. Eichler besaß großes Talent, mechanisch-physikalische Gesetzmäßigkeiten zu erfassen, und nachdem ihr der Mechaniker Carl Friedrich Eduard Krause, ihr späterer Ehemann, die Grundlagen der Prothetik vermittelt hatte, avancierte sie zur „Quereinsteigerin".

Als erste Frau meldete sie am 23. November 1833 in Preußen ein Patent für ihren „neuerfundenen künstlichen Fuß zum Ersatze des Ober- und Unterschenkels" an. Dieser bestand aus einem aus Weiß-, später aus Neusilberblech gefertigten Schaft mit einem daran befestigten, hohl gearbeiteten hölzernen, mit Leinwand ummantelten Unterschenkel sowie einem beweglichen zweiteiligen Holzfuß. Die Prothese wog 2,1 Kilogramm. Das Kniegelenk ließ sich mithilfe von Darmsaiten beim Gehen beugen, beim Anheben brachten Spiralfedern das Bein in die Streckung zurück – ein bis dahin gänzlich neuartiger Mechanismus für Prothesen.

Der mit Bandagen umwickelte Stumpf ruhte in einem gepolsterten Ledertrichter, an dem wiederum die Prothese angelegt werden sollte. Das Ganze wurde schließlich mit einem Gurt über der Schulter befestigt. Dank des zwischengelagerten Ledertrichters ließ sich der Druck auf den Stumpf reduzieren. Das Laufenlernen verglich Eichler mit dem eines Kleinkindes. Nach einigen Wochen Übung sollte der Patient in der Lage sein, ohne Krücken und Gehstock zu laufen und sogar Treppen steigen zu können.

Gutachter des preußischen Kultus- und des Handelsministeriums hatten vor der Patenterteilung die Erfindung geprüft. Verschiedene namhafte Ärzte, unter ihnen der Leiter der Chirurgie an der Berliner Charité, Johann Friedrich Dieffenbach, lobten Eichlers Erfindung ausdrücklich. Noch 50 Jahre später schrieb Otto Karpinski in seinen „Studien über Künstliche Glieder":

„Hat auch die Eichler in Bezug auf den äußeren Mechanismus ihrer künstlichen Beine von anderen bereits bekannt gewordenen Vorrichtungen der Art das Beste entlehnt, so ist doch das Prinzip des inneren Mechanismus, namentlich dessen Einfachheit, Anordnung, Zugänglichkeit und Zuverlässigkeit ganz neu und eigentümlich. […] Dabei erklärt die Eichler aber doch in ihrer Schrift, weit davon entfernt zu sein, behaupten zu wollen, ihr künstlicher Fuß sei keiner weiteren Vervollkommnung fähig; allein, sie fügt auch hinzu, daß bis jetzt gewiss noch kein zweckmäßigerer erfunden und dargestellt worden sei – bis zu ihrer Zeit gewiss nicht."

Caroline Eichler, Porträt von Johann Georg Weinhold, 1838

Kein „Sonntagsarm"

Drei Jahre nach ihrer ersten Erfindung meldete Caroline Eichler am 24. November 1836 ein weiteres Patent an, diesmal für eine Prothese der Hand.

Lange hatten sich Prothesen entweder nur mit der gesunden Hand bewegen lassen, als „Sonntagsarm" den fehlenden Arm ersetzt oder als „Arbeitsklaue" das Halten oder Tragen ermöglicht. 1812 hatte der Berliner Hofzahnarzt Peter Baliff eine aktive, also durch die Kraft des eigenen Körpers angetriebene Prothese entwickelt. Er nutzte die verbliebene Muskulatur im Oberarmstumpf, indem er durch Zugschnüre über der Schulter körpereigene Kräfte auf eine Kunsthand übertrug. Damit war jedoch keine große Krafterzeugung möglich und bei einer ungewollten Armbewegung konnte es passieren, dass ein gegriffener Gegenstand aus der Kunsthand fiel. Die aus Eisenblech bestehende Prothese war zudem sehr schwer. Baliffs Erfindung war noch nicht praxistauglich.

Caroline Eichler knüpfte an Baliffs Idee und an das Prinzip der eisernen Hand an. Durch einen weiterentwickelten Mechanismus konnten die Finger ihrer Kunsthand über die Oberarmstumpfmuskulatur nicht nur aktiv geschlossen, sondern durch Spiralfedern aus Neusilberdraht in den Fingergelenken auch wieder gestreckt werden. Zur Kraftübertragung benutzte sie Darmsaiten von einem Millimeter Durchmesser. Wollte man die Finger einzeln bewegen, musste man mit der gesunden Hand Schieber an der Handwurzel, je einen für jeden Finger, betätigen. Aufgrund der besonderen Beweglichkeit des Daumens war zudem der „Pinzettengriff" möglich. An den Fingergliedern erhöhte Kork die Griffigkeit.

Die Prothese wurde aus Neusilberblech geformt und wog nur 125 Gramm. Ihr Träger konnte damit nicht nur schreiben und nähen, sondern auch Gewichte bis neun Kilogramm heben. Eichler hatte die erste wirklich brauchbare Handprothese geschaffen.

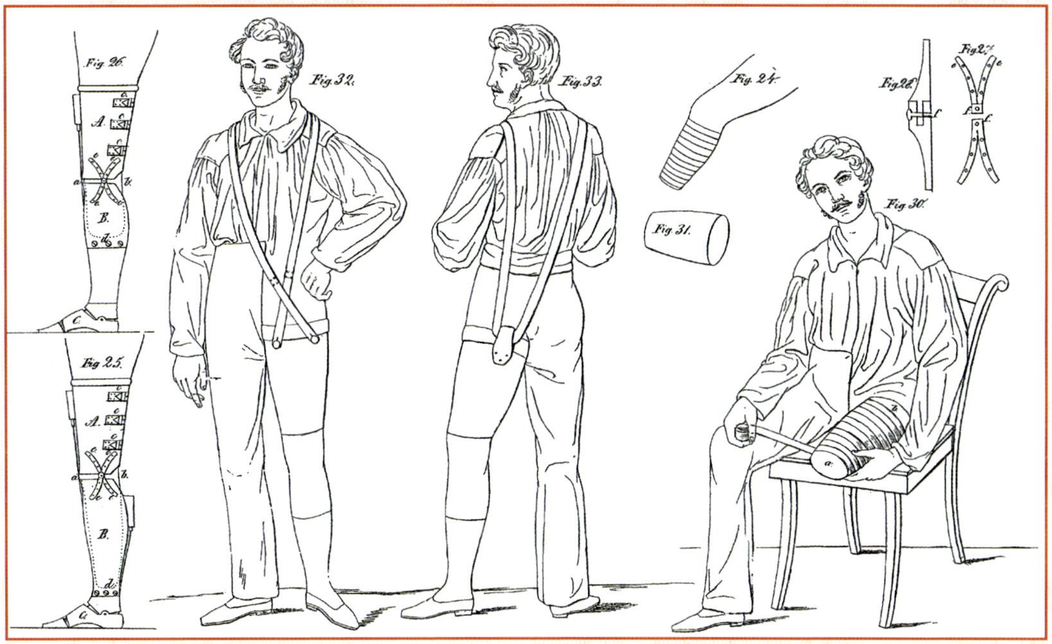

Träger einer Beinprothese mit mechanischem Kniegelenk zum Ersatz des Ober- und Unterschenkels, entwickelt von Caroline Eichler

Caroline Eichler erhielt für zehn Jahre das alleinige Recht für Produktion und Verkauf ihrer Prothesen, deren Anschaffungspreis jedoch mit ca. 75 Talern sehr hoch war. Zum Vergleich: Um 1850 verdiente eine Weißnäherin in Berlin vier Silbergroschen am Tag. Eichler wohnte in der Nähe der Berliner Charité und firmierte als „Verfertigerin künstlicher Füße und Hände". An ihrem Erfolg konnte sie sich nicht lange erfreuen. Sie starb am 6. September 1843 eines gewaltsamen Todes. Carl Friedrich Eduard Krause, von dem sie sich wieder hatte scheiden lassen, ein „liederlicher und dem Trunke ergebener Mann", hatte sie mehrfach um Geld erpresst und letztendlich im Streit mit einer Feile erstochen.

Während des Ersten Weltkrieges mit seinen zahlreichen Kriegsversehrten setzte erneut die Forschung ein, Prothetik wurde zu einer medizinischen Wissenschaft. Der Chirurg Ferdinand Sauerbruch entwickelte 1916 ein neuartiges Prothetikverfahren, und der Berliner Orthopädiemechaniker Otto Bock legte am 13. Januar 1919 den Grundstein für die Serienherstellung von Prothesen und die moderne orthopädische Industrie.

Der Pistorius'sche Brennapparat

Freud' und Leid durch Branntwein

„Kartoffeln aufzuessen
ist allgemeiner Brauch,
Doch soll man nicht vergessen:
zu trinken sind sie auch.
Lasst uns das Glas erheben
zu einem edlen Toast!
Kartoffelschnaps soll leben,
der Trost des Landwirts! Prost!"

„Kladderadatsch", Juni 1909

Als die Kartoffel um 1560 über den Atlantik nach Europa kam, ahnte niemand, welch große Karriere dem Nachtschattengewächs einmal bevorstehen würde, denn zunächst hatte die Kartoffel es sehr schwer, sich einzubürgern. In Deutschland, wo sie seit 1580 bekannt war, trat sie ihren Siegeszug als Nahrungsmittel erst über ein Jahrhundert später an. Auch Friedrich der Große hatte Mühe, den Anbau der „Tartuffeln" – wie man die Knollen damals nannte – in Preußen durchzusetzen. Ob der König den gewünschten Erfolg erzielte, indem er einen Kartoffelacker von Soldaten bewachen ließ und die Bauern damit zum Stehlen der vermeintlich wertvollen Pflanzen für den eigenen Anbau verleitete, ist nicht belegt.

Sicher ist hingegen, dass er ab 1745 mit seinen „Kartoffelbefehlen" der Knolle zum Durchbruch im märkischen Sand verhalf. Friedrich bestimmte, dass die preußischen Bauern künftig zehn Prozent ihrer Äcker mit Kartoffeln zu bepflanzen hatten.

Ein völlig fuselfreier Spiritus

Die Branntweinherstellung aus Kartoffeln wurde schon 1682 erstmals erwähnt, aber erst im 19. Jahrhundert verhalf die Erfindung von Johann Heinrich Leberecht Pistorius der Kartoffelschnapsbren-

Friedrich der Große kontrolliert die Kartoffelernte in Darrmietzel in der Neumark. Gemälde von Robert Warthmüller 1886

„Die Branntweinprobe", Kreidelithografie um 1840. Nicht zuletzt dank des Pistorius'schen Brennapparats wurde Berlin zum Zentrum des Schnapshandels.

nerei zum Durchbruch. Pistorius wurde am 21. Februar 1777 in Loburg geboren. Der Vater, ein Magdeburger Domänenkammerbeamter, schickte den Sohn auf das Joachimsthalsche Gymnasium in Berlin. Anschließend gründete Johann Pistorius gemeinsam mit seinem Bruder in Berlin ein Handelsgeschäft, machte sich aber bald als Kaufmann in der Neuen Königstraße 30 (heute teilw. Otto-Braun-Straße) selbstständig. Nebenbei widmete er sich wissenschaftlichen Studien und begann zu experimentieren. Seine Schwester, Wilhelmine Sophie Luedersdorff, die eine nicht unbeträchtliche Summe von ihrem Mann geerbt hatte, unterstützte ihn.

1816 gelang es Pistorius, mit einem neuen Verfahren 60- bis 80-prozentigen Alkohol zu erzeugen. Der von ihm entwickelte Apparat (siehe Abbildung) bestand im Wesentlichen aus zwei Blasen, der eigentlichen Brennblase (C) und dem Maischwärmer (D), einem Vorwärmer (E), dem auf dem Vorwärmer aufsetzenden Beckenapparat (b und c) und dem Kühlapparat (F). Die mehligen Kartoffeln wurden sanft erhitzt und der Brei bei bis zu 90 °C unter Zugabe von Gerstenmalz verflüssigt und verzuckert. In der auf diese Weise hergestellten Maische setzte die alkoholische Gärung ein. Nach etwa drei Tagen war der Gärprozess abgeschlossen. Anschließend erhitzte man die Maische im Kupferkessel des Destilliergeräts wieder auf ca. 75 °C. Da Alkohol früher siedet als Wasser, lässt er sich vom Wasser weitgehend separieren. Je nach der Anzahl der Durchgänge konnte man somit bis zu 80-prozentigen Alkohol fabrizieren.

Dieses neue Verfahren war viel ungefährlicher als die bisher übliche Schnapsbrennerei und sparte zudem noch Zeit und Energie. Am 18. Oktober 1816 beantragte Pistorius ein Patent. Mit dem Patent wurde ihm das „ausdrückliche Recht zur Anwendung und Fertigung eines eigenthümlichen Brenn-Apparats" zugesichert. Bis zum März 1817 hatte Pistorius seinen Apparat nochmals verbessert, sodass er nun in nur einem einzigen Destillationsvorgang einen völlig fuselfreien Spiritus liefern konnte, wie er der Technischen Deputation des Berliner Handelsministeriums mitteilte. Nach ausführlicher Prüfung erhielt Pistorius am 17. März 1817 ein neues Patent mit dem auf zehn Jahre erteilten Recht, „die erfundene Methode auszuüben und die dazugehörigen Gerätschaften zu fertigen".

Berlin: Zentrum des Schnapshandels

Die bislang vor allem als Hauptnahrungsmittel der armen Bevölkerung angebaute

Schnitt durch einen Pistorius'schen Brennapparat

Der Berliner Eckensteher nach ein paar Gläschen Branntwein. Illustration von Theodor Hosemann für Adolf Glaßbrenners Sittenschilderung „Berlin, wie es ist und – trinkt", 1845

Kartoffel wurde zum vielseitigen Rohstoff, für den ein einträglicher Kreislauf entstand. Da auf den sandigen märkischen Böden Kartoffelpflanzen gut gediehen, nutzte man immer größere Flächen für ihren Anbau. Auch Kartoffeln, die weder für Mensch noch Vieh geeignet waren, konnten in Brennereien, die wie Pilze aus dem Boden schossen, zu hochprozentigem Alkohol verarbeitet werden. Die Schlempe genannten Rückstände aus der Spritgewinnung dienten als Futtermittel für das Vieh. Die Gülle ließ sich wiederum für die Äcker verwenden. Fleisch und Schnaps fanden ihre Käufer in der Stadt. So wurde binnen weniger Jahre die Kartoffel zum dominierenden landwirtschaftlichen Produkt. Zudem eroberte der preußische Kartoffelschnaps dank des Pistorius'schen Brennapparates den Weltmarkt. Bis 1831 hatten sich in der Provinz Brandenburg über 1400 Brennereien etabliert. Berlin war zum Zentrum des Schnapshandels geworden.

Die Branntweinpest

Die Pistorius'sche Erfindung hatte auch Schattenseiten: Ab den 1830er-Jahren entstanden Kneipen, die Wein, Bier und auch den billigen Kartoffelschnaps ausschenkten. Die Folgen waren nicht so gemütlich, wie sie von Zeitgenossen beschrieben wurden:

„Und winkt nun der Kartoffeltrank im Glase, schlürft man ihn doch, wenn er auch etwas beißt, und Nante mit der roten Nase preist selig taumelnd den Kartoffelgeist."

Alkoholismus, als Branntwein- oder Kartoffelschnapspest bezeichnet, breitete sich wie eine Seuche aus.

Den steigenden Alkoholkonsum in Berlin kritisierte Adolf Glaßbrenner in seiner Sittenschilderung „Berlin, wie es ist und – trinkt":

„Die äußerliche Rohheit und Gemeinheit des Berliner Pöbels hat der Branntwein hervorgebracht; er erschlafft den Geist, stumpft ihn für alles Edle und Schöne ab, macht träge und gleichgültig, und frißt alle Blüte aus dem Menschen. Berlin wäre Athen, wenn der Branntwein nicht existierte."

Aufgeschreckt durch die schlimmen Begleiterscheinungen des Alkoholkonsums entstanden Gegeninitiativen, sogenannte Mäßigkeitsvereine und kirchliche Bewegungen. Ärzte wie Christoph Wilhelm Hufeland versuchten, in Abhandlungen über die mit dem Branntweinkonsum verbundenen Gefahren aufzuklären. Erst als 1887 die Reichsbranntweinsteuerreform den Spirituosenpreis verdoppelte, kehrte man zum Bier zurück.

Mit seinem Patentgeld und der Erbschaft der Schwester konnte Pistorius 1821 das Rittergut Weißensee bei Berlin für 65 000 Taler von Carl Asmus von Schenkendorf erwerben. Hier baute er nun selbst Kartoffeln an und verarbeitete sie in der eigenen Brennerei. Er erweiterte den Viehbestand und machte das Gut zu einem Mustergut, auf dem er viele technische Neuerungen einführte. Die Gründung des „Vereins der Spiritusfabrikanten in Deutschland" in Berlin 1854 erlebte er noch. Er starb am 27. Oktober 1858 in Weißensee und wurde in einem bereits zu Lebzeiten errichteten Mausoleum an der dortigen Dorfkirche beigesetzt.

Die Basstuba von Wieprecht und Moritz

Für mehr Freude beim Musizieren

> *„Kalliope, die Muse der heroischen Gedichte (Heldengedichte, Epopöen): eigentlich die vornehmste unter den Musen. Ihr Kennzeichen ist die Tuba od. Trompete, mit einem Lorbeerzweig umwunden […]“*
>
> „Theater-Lexicon“, 1841

Im 19. Jahrhundert wurden Berlin und Potsdam zu Zentren des Blasinstrumentenbaus. Bei den zahlreichen Militärkapellen konnte man alle neuen oder verbesserten Instrumente gleich in der Praxis ausprobieren. Allerdings fehlte in der Blechbläserriege ein Instrument, das tief klang und das Gegengewicht zu den zahlen- und lautstärkemäßig überlegenen Sopraninstrumenten bilden konnte. Fantasievolle Instrumente wie die Ophikleide oder das schlangenförmige Serpent konnten in dieser Hinsicht ebenfalls nicht überzeugen und waren zudem noch schwer zu spielen. Die Ventile waren noch nicht erfunden – eine Knopfdruckvorrichtung, mit deren Hilfe die in das Instrument geblasene Luft in Röhren umgeleitet und die Luftsäule verlängert wird, um tiefere Töne zu erzielen.

Die Berliner Pumpen

Erst der Berliner Kammermusiker Heinrich Stölzel entwickelte 1814 die ersten brauchbaren Ventile für Trompeten und Hörner. Die „Ungleichheit“ der Töne des von ihm gespielten Waldhorns hatte ihn zu dieser Erfindung motiviert, die „seine Mühe belohnte und meine Forderung an das Instrument befriedigte“, schrieb er Friedrich Wilhelm III. am 6. Dezember 1814 und hoffte, der König werde „die Einrichtung dieser neuen Musik bey den Regimentern mir übertragen und mich nach dem Werth meiner Erfindung belohnen“.

Zur selben Zeit ließ sich Johann Gottfried Moritz (1777–1840) nach seiner in Leipzig und Dresden absolvierten Ausbildung zum Instrumentenmacher 1808 in Berlin mit einer eigenen Werkstatt zur Herstellung von Blasinstrumenten nieder, wurde 1819 zum königlichen Hofinstrumentenmacher bestellt und 1835 als akademischer Künstler gewürdigt. Zwei Jahre zuvor hatte Moritz gemeinsam mit dem Kammermusiker Wilhelm Wieprecht entscheidende Verbesserungen am Ventilsystem entwickelt. Die Wieprecht-Moritz'schen „Berliner Pumpen“, wie man diese Ventile nannte, funktionierten deutlich besser als ihre Vorgänger.

Tuba von C. W. Moritz. Dieser führte zusammen mit seinem Bruder das Geschäft seines Vaters Johann Gottfried Moritz fort und brachte weitere Instrumenten-Neuschöpfungen auf den Markt.

Ende des 19. Jahrhunderts war Militärmusik ohne Basstuba nicht mehr vorstellbar dank Wieprecht und Moritz. Gemälde einer Wachablösung in Dänemark von Erik Henningsen, 1888

Wilhelm Wieprecht erlangte als Kapellmeister weitreichende Berühmtheit. Illustration in der Zeitschrift „Daheim" von 1868

Der 1802 in Aschersleben geborene Wieprecht entstammte einer Musikerfamilie, hatte nach Zunftsitte verschiedene Instrumente erlernt und schon im Alter von zehn Jahren sein erstes Violinkonzert gegeben. Seine musikalische Ausbildung schloss er in Dresden – hier lernte er Carl Maria von Weber kennen – und in Leipzig ab. Im Juni 1822 wurde er als Violinist Mitglied des Leipziger Gewandhaus-Orchesters. Durch Vermittlung seines Cousins, Musikdirektor des Berliner Balletts, kam Wieprecht 1824 als Kammermusiker nach Berlin. Von der hier durch die Musikkorps der Infanterie zu den Wachablösungen gespielten Militärmusik war er tief beeindruckt:

„War es die Rhythmik, die Melodik, die Harmonie oder die Verschmelzung dieser verschiedenen Elemente, die mich so gewaltsam erschütterte? – Als ich nun diese Militair-Capelle auf ihrem Hinmarsche zur Wachtparade verfolgte und dort dieselbe im geschlossenen Kreise die Ouvertüre zu Mozarts Figaro spielen hörte, da wurde es in meinem Herzen zum festen Entschluß, mich von nun an dem Fache der Militairmusik ausschließlich zu widmen. Bei meinen gesammelten Vorkenntnissen im Gebiete der Blase-Instrumente fühlte ich einen Beruf hierzu und übersah mit einem Blick, daß ich recht bald in diesem Fache etwas Tüchtiges leisten würde."

Die Militärmärsche, die Wieprecht komponierte, wurden ein voller Erfolg und häufig aufgeführt. 1829 beauftragte ihn Friedrich Wilhelm III. mit der Umgestaltung des Musikkorps seiner Potsdamer Leibwache.

Das Wieprecht-Moritz'sche Bassinstrument

Zum Direktor der Musikchöre des Preußischen Garde-Corps aufgestiegen, wurde Wieprecht durch seine Arbeit mit den Militärkapellen fast täglich mit der Unmöglichkeit konfrontiert, Bässe zu intonieren. Er habe zehn Jahre „in dem Gebiet der Militairmusik" gearbeitet und daher „wohl am schmerzlichsten das Bedürfnis eines wirklichen Contra-Baß-Blasinstruments" empfunden, schrieb er rückblickend am 9. August 1835. In dem Berliner Hof-Instrumentenbauer Johann Gottfried Moritz fand er den geeigneten Partner zum Bau des gewünschten Bassinstruments auf Bügelhornbasis. Bügelhörner bezeichnen Blechblasinstrumente mit weitem konischem Rohr und einem ausgeweiteten Schallstück wie bei einem Flügelhorn zum Beispiel.

Die beiden mussten verschiedene technische Schwierigkeiten meistern: Vor allem die Formung des Instruments bei der stattlichen Länge des Rohres von bis zu sechs Metern einschließlich der fünf Ventile war eine Herausforderung, die Moritz erfolgreich bewältigte. Am 12. September 1835 erhielten der „Kammer-Musikus W. Wieprecht" und der „Hof-Instrumentenbauer J. G. Moritz zu Berlin" ein Patent auf „das von ihnen durch Zeichnung und Beschreibung nachgewiesene Blase-Instrument – Baß Tuba – soweit dasselbe für neu und eigenthümlich erachtet worden, auf 10 Jahre, von jenem Termine an gerechnet, und für den Umfang der Monarchie". Das neue Instrument war mit „Berliner Pumpventilen" ausgestattet.

Wieprecht, Chef der preußischen Militärmusik, verpflichtete künftig jede Kapelle dazu, zwei Basstubisten anzustellen. Als auch die klassischen Orchester folgten, war die Tuba bald fester Bestandteil der preußischen Musik.

Der Erfolg spricht für sich

Für Wieprecht ging die Erfolgskurve steil nach oben: 1835 wurde er durch Prinz

Albrecht von Preußen zum Inspekteur der Musikkorps befördert. Mit dem von ihm entwickelten Orchester aus 80 Musikern gab er erfolgreiche Konzerte und durfte bei der Hochzeit im Königshaus 1837 den obligatorischen Fackeltanz aufführen. Er hinterließ wohl einen sehr tiefen Eindruck, denn im Folgejahr stieg er zum Direktor aller Musikkapellen des Garde-Korps auf.

Als der russische Zar Nikolaus 1838 Berlin besuchte, stellte Wieprecht aus allen Berliner Musikkorps ein Riesen-Orchester zusammen, in dem er 1086 Militärmusiker und 150 Spielleute vereinte. Das war die „Uraufführung" des Großen Zapfenstreichs, der das alte Zeremoniell um die Retraite – das Zapfenstreichsignal der Kavallerie – und die Serenade – ein Potpourri alter Regimentsmärsche, die beliebig zusammengestellt werden können – erweiterte.

Als Höhepunkt seiner musikalischen Laufbahn kann sicher der Wettbewerb der Militärkapellen anlässlich der Pariser Weltausstellung 1867 gelten, auf dem ihm der erste Preis zugesprochen wurde. Anschließend lud ihn Napoleon III. nach Versailles ein, um ihn hier mit dem Ehrenkreuz der französischen Ehrenlegion auszuzeichnen. Nach Berlin zurückgekehrt, wurde Wieprecht begeistert gefeiert. Die berühmtesten Komponisten der Zeit – Franz Liszt, Giacomo Meyerbeer, Richard Wagner – baten Wieprecht um Bearbeitungen ihrer Kompositionen für Blasorchester.

Auch die Firma Moritz blieb erfolgreich. Sie brachte weitere Instrumenten-Neuschöpfungen auf den Markt, darunter eine Tenor-Tuba und ein tiefes Fagott. Nach dem Tod des Vaters führten die Söhne Carl Albert und Carl Wilhelm die Firma weiter und gingen mit kaufmännischem Geschick auf die Wünsche der Kunden ein. Sie arbeiteten für die Ring-Inszenierungen Richard Wagners („Wagner-Tuben") ebenso wie für den Opernkomponisten Felix Weingarten (Querflöte in F, Bass-Querflöte in C).

Bei Wachtparaden, Aufmärschen und Platzkonzerten, in Kaffee-, Bier- und Konzertgärten in der preußischen Hauptstadt fanden Musikkapellen auch weiterhin ein großes Publikum, das sich an den Bearbeitungen klassischer Werke von Haydn, Mozart und Beethoven nun auch mit reinen tiefen Tönen erfreute.

Keine Militärkapelle ohne Basstuba: das zweite Königlich-Sächsische Jägerbataillon Nr. 13, Ende des 19. Jahrhunderts

Borsigs Dampflokomotiven

Die 1841 von August Borsig produzierte Lok „Borsig“ schlug die Stephenson-Dampflokomotive in einer Wettfahrt.

Auf schneller Fahrt

„[…] uns gereicht zum Ruhme, was die ‚Borussia‘ auf ihrer großen Lebensreise erzählen wird mit feuriger Sprache. Fahre wohl, ‚Borussia‘, fahre wohl!“

Aus der Festschrift zur Feier der 1000. Lokomotive am 21. August 1858

Als der rauchende „Adler“ am 7. Dezember 1835 das erste Mal von Nürnberg nach Fürth fuhr, hatte das „Eisenbahnzeitalter“ für alle sichtbar auch in Deutschland begonnen. Noch war das Bild der „Dampfrösser“ ungewohnt – beim „Herannahen des Ungetüms“ hätten die Pferde gescheut und Kinder zu weinen begonnen, berichtete im Dezember 1835 das „Stuttgarter Morgenblatt für gebildete Stände“. Nicht einmal zehn Jahre später hatten die „Dampffahrten“ die Welt „gründlich durcheinander“ gerüttelt, schrieb Joseph von Eichendorff. Die von dem Berliner Unternehmer August Borsig 1844 in seiner Maschinenbauanstalt konstruierte Dampflokomotive „Beuth“ hatte großen Anteil daran, denn sie war die erste in Deutschland eigenständig entwickelte Dampflokomotive. Die in Übigau bei Dresden gebaute „Saxonia“ von 1838 war zwar die erste in Deutschland produzierte funktionstüchtige Lok, allerdings handelte es sich noch um einen Bau nach englischem Vorbild.

Als Techniker unbrauchbar …

Der 1804 geborene Johann Friedrich August Borsig entstammte einer schlesischen Handwerker- und Bauernfamilie. Er begann eine Zimmermannslehre und besuchte in Breslau die Kunst- und Bauhandwerksschule. Hier lernte er perspektivisches Zeichnen, Planen und Entwerfen, aber auch Mechanik und Kunstgeschichte. Seine Abschlussarbeit, die Konstruktionszeichnung für eine Kuppel nach italienischem Vorbild, war so gelungen, dass er dafür mit der Silbermedaille der Schule ausgezeichnet wurde. Als er 1823 seinen Gesellenbrief in der Tasche hatte, schickte ihn die niederschlesische Provinzialregierung mit einem Stipendi-

Die Borsig'sche Werkstatt am Oranienburger Tor in Berlin.
Aquarell von Eduard Biermann, 1847

um und der Empfehlung seiner Lehrer nach Berlin an das Königlich-Technische Gewerbeinstitut von Beuth. Voller Zuversicht ging der 19-Jährige nach Berlin, brach aber nach anderthalb Jahren die Ausbildung ab und verließ die Schule ohne Examen: Beuth hatte ihm nicht nur schlechte Zeugnisse ausgestellt, in denen er ihm bescheinigte, dass seine Leistungen in Chemie mangelhaft und er als Techniker unbrauchbar sei, sondern ihm auch empfohlen, er solle lieber Schuster werden.

Es war die Zeit der Maschinenbau- und Eisengießerei-Pioniere in Preußen. Im September 1825 bewarb sich Borsig als Lehrling in der Eisengießerei von Franz Anton Egells in Berlin. Schon am 1. Juli 1827 wurde er als Betriebsleiter mit einem für damalige Verhältnisse hohen Jahresgehalt von 300 Talern eingestellt. 1828 heiratete er Louise Pahl, die Tochter des Küsters an der Sankt-Hedwigs-Kathedrale. Im darauffolgenden Jahr wurde sein Sohn und späterer Nachfolger Albert geboren.

Jede Menge Schrauben

Schon bei Egells arbeitete Borsig auf seine Selbstständigkeit hin. 1836 erhielt er den „Bürgerbrief der Haupt- und Residenzstadt Berlin" und investierte seine ganzen Ersparnisse in den Kauf eines Grundstücks in der Chausseestraße. Am

August Borsig, Gemälde von Franz Krüger, 1855

7. Oktober 1836 erteilte ihm das Königliche Polizeipräsidium die Genehmigung für den „Bau eines Hüttengebäudes auf dem erworbenen Grund am Oranienburger Tor". Borsig war erst 33 Jahre alt, als er hier seine „Maschinenbau-Anstalt" gründete. Er beschaffte sich zwei Blasebälge und Soldaten als Arbeitskräfte aus der Kaserne nebenan, da ihm in der Anfangszeit sowohl ein Gebläse als auch eine Dampfmaschine für den Kupolofen fehlten. Zunächst produzierte er Maschinen vor allem für den Eigenbedarf und für die Runkelrüben-Zucker-Fabriken.

Borsig legte das Gründungsdatum seiner Firma auf den 22. Juli 1837 fest: den Tag des ersten gelungenen Gusses von Schienenstühlen für den Bau der Berlin-Potsdamer Eisenbahnstrecke.

Diese Bahnlinie brachte ihm auch seinen ersten Großauftrag: 116 200 Schrauben. Es folgten Räder und Weichen, aber auch Kandelaber und die Löwenstatuen der Löwenbrücke im Tiergarten. Auch die Dachkonstruktion des Hamburger Bahnhofs sowie die Kuppeln der Potsdamer Nikolaikirche und des Berliner Stadtschlosses wurden bei Borsig gefertigt.

„Borsig", „Beuth" und „Borussia"

Das Produkt der Zukunft war jedoch die Lokomotive. Ab 1838 erhielt Borsig verschiedene Reparaturaufträge für amerikanische und englische Lokomotiven. Er studierte deren Konstruktionen bis ins Detail und baute 1841 mithilfe von Friedrich Wöhlert, Freund aus der Zeit bei Egells und nun Borsigs Werkmeister, eine verbesserte Version der amerikanischen Norris-Dampflokomotive. Am 24. Juli 1841 absolvierte Borsigs Lok Nummer 1 ihre Jungfernfahrt. In den Augen der Technikexperten war sie ein Wunderwerk und das im selben Jahr erscheinende „Polytechnische Journal", das die Konstruktionsdetails genau analysiert hatte, geriet darüber in Schwärmerei: „[…] rückwärts liegende Treibachsen und zwei vordere Drehgestell-Laufachsen, schräg liegende Außenzylinder. Um eine höhere Leistung zu erreichen, wurde der Kessel verlängert. Der vergrößerte Radstand ermöglicht eine höhere Geschwindigkeit […]."

Was wirklich in ihr steckte, konnte sie noch im selben Jahr bei einer Wettfahrt gegen die englische Stephenson-Dampflokomotive auf der Strecke der Berlin-Anhaltischen Eisenbahn unter Beweis stellen. Die Borsig Nummer 1 brach nicht nur das englische Eisenbahnmonopol, sondern läutete auch Borsigs Aufstieg zum „Lokomotivenkönig“ ein. Für die Lok mit dem so charakteristischen „Dampfdom“ reihte sich Auftrag an Auftrag.

Auf der Berliner Gewerbeausstellung 1844 stellte Borsig seine neueste Lokomotive mit der Werknummer 24 vor. Ihr hatte er den Namen „Beuth“ gegeben. Die dreiachsige Lokomotive war von Borsig persönlich konstruiert worden. Sie wies alle typischen Merkmale der früher gebauten Borsig-Lokomotiven auf. Das hintere Laufrad hatte Borsig jedoch unter das offene Führerhaus verlegt. Für seine Innovation erhielt Borsig die Goldene Preismedaille der Ausstellung und die „Beuth“ das Prädikat, die erste eigenständig in Deutschland konstruierte und gebaute Lokomotive zu sein. Für die nächsten zehn Jahre wurde sie zum Prototyp deutscher Lokomotivkonstruktionen.

Die „Beuth“, die künftig von der Berlin-Anhaltischen Eisenbahn eingesetzt wurde, ging mit 71 Exemplaren bereits in eine Art Serienproduktion. Seinen Konstruktionsgrundsätzen und dem typischen Erscheinungsbild blieb Borsig auch bei den Weiterentwicklungen seiner Lokomotiven treu, beispielsweise bei der „Borussia“.

Mit der Verlegung neuer Schienenwege überall in Deutschland vergrößerte sich Borsigs Unternehmen schnell. 1847 begann man mit dem Bau des Eisenwerks in Moabit, das zwei Jahre später den Betrieb aufnahm. 1850 erwarb Borsig die Maschinenbauanstalt in der Kirchstraße in Moabit.

1854 baute er die 500. Dampflokomotive und wurde anlässlich der Feier zum Geheimen Kommerzienrat ernannt. Mit nur 50 Jahren starb Borsig am 6. Juli 1854 an einem Schlaganfall. Mehr als 10 000 Menschen, darunter zahlreiche Arbeiter, erwiesen ihm die letzte Ehre. Auch der 85-jährige Alexander von Humboldt geleitete den „Lokomotivenkönig“, der auf dem Dorotheenstädtischen Friedhof beigesetzt wurde.

Sein Unternehmen florierte weiter. Um 1875 zählte die „Lokomotiv- und Maschinenfabrik A. Borsig“ zu den größten Lokomotivfabriken der Welt.

Vollendungsarbeiten an einer Lokomotive bei Borsig in Berlin-Moabit. Holzstich nach einem Wandgemälde um 1876

Siemens & Halske
Patent
BERLIN
No 457.

Der Zeigertelegraf von Werner Siemens

Werner von Siemens, Gemälde nach einer Fotografie, um 1880

Erfindung im Nebenberuf

„Unter Telegrafie musst du dir einen riesenlangen Dackel vorstellen, der beispielsweise von London bis Edinburgh reicht. Wenn du jetzt dem Dackel in Edinburgh in den Schwanz kneifst, dann bellt er in London.“

Thomas Alva Edison (1847–1931)

Mit Zigarrenkisten, Kupferdraht und Fantasie gelang Werner Siemens 1847 die Konstruktion eines einfachen, aber funktionierenden Zeigertelegrafen. „Mein Telegraph gebraucht nur einen Draht, kann dabei mit Tasten wie ein Klavier gespielt werden und verbindet mit der größten Sicherheit eine solche Schnelligkeit, dass man fast so schnell telegraphieren kann, wie die Tasten nacheinander gedrückt werden. Dabei ist er lächerlich einfach und ganz unabhängig von der Stärke des Stroms“, schrieb er seinem Bruder Carl Wilhelm über die Erfindung.

Die elektrische Telegrafie steckte in Preußen noch in den Anfängen, in England hatten dagegen Charles Wheatstone und William Cooke bereits 1837 ein Patent auf einen Telegrafen angemeldet, der allerdings fehleranfällig war. Häufig kam es zu Spannungsabfällen oder Kurzschlüssen. Doch das Potenzial der von Licht und Wetter unabhängigen Erfindung war erkennbar, nun musste sie nur noch zuverlässig funktionieren. Das blieb Werner Siemens vorbehalten.

Praktische Erfindungen

Als das viertälteste von 14 Kindern wurde Werner Siemens 1816 in der Nähe von Hannover geboren. Nach dem Besuch des Gymnasiums wollte er Ingenieur werden, doch die Eltern konnten sich den Wunsch des Sohnes nicht leisten. Er bewarb sich als Offiziersanwärter und wurde nach bestandener Prüfung in die Berliner Artillerie- und Ingenieurschule geschickt. Hier absolvierte er eine dreijährige Ausbildung in den Naturwissenschaften und in Ballistik, daneben befasste er sich in jeder freien Minute mit Technik. 1842 entwickelte er ein neues Verfahren zur galvanoplastischen Vergoldung und Versilberung, für das er sein erstes Patent anmeldete. Als die Eltern starben, musste er seine Geschwister versorgen. Die Erfindung praktischer Dinge, die Geld brachten, und der Verkauf von Patenten, beispielsweise seiner galvanischen Methode durch seinen jüngeren Bruder Wilhelm in England, sicherten der Familie den Lebensunterhalt.

Zeigertelegraf von Siemens & Halske, 1847

Berlin war in diesen Jahren im industriellen Aufschwung begriffen. Maschinenfabriken wie das Unternehmen von August Borsig waren bereits entstanden, es gab eine Gewerbeschule, einen Polytechnischen Verein, eine Physikalische Gesellschaft, Alexander von Humboldt hielt hier seine berühmten Vorträge.

1846 gelang es Siemens, die Funktionsweise des von Wheatstone entwickelten Zeigertelegrafen entscheidend zu verbessern. Die praktische Erprobung stand jedoch vor einem Problem: Es gab in Preußen weder eine elektrische Telegrafenlinie noch verfügte Siemens über die nötigen Beziehungen, um einen solchen Apparat bauen zu können. Unterstützung erhielt er bald von der drei Jahre zuvor eingerichteten Telegrafenkommission zur Erprobung der elektrischen Telegrafie, die er von seiner Weiterentwicklung überzeugen konnte. Als er zudem den Berliner Feinmechaniker Johann Georg Halske bei einem Vortrag in der Physikalischen Gesellschaft kennenlernte, hatte er den richtigen Partner gefunden, um den Telegrafen praktisch konstruieren zu können.

Der Apparat war klein, wog knapp zehn Kilogramm, für die Übertragung wurde nur eine Leitung benötigt. Auch musste die Nachricht nicht kodiert werden. Wenn der Telegrafist an der Sendestation den Stromkreis schloss, begann sich der Zeiger des Sendeinstruments zu drehen, und wenn das gleiche Gerät an der Empfangsstation in den Stromkreis eingeschaltet war, drehte sich dort der Zeiger synchron zum Sender. Die Nachrichtenübermittlung selbst folgte einem einfachen Prinzip: Man drückte beim sendenden Apparat auf die gewünschte Buchstabentaste. Der Zeiger drehte sich bis zur gedrückten Taste und stoppte dort, der Stromkreislauf war unterbrochen – ebenso beim empfangenden Gerät. Ließ man die Taste los, drehte sich der Zeiger wieder weiter.

Hier fing alles an: In einem Hinterhof in der Schöneberger Straße befand sich die erste Werkstatt der „Telegraphen-Bau-Anstalt Siemens & Halske". Der Eingang zur Werkstatt befand sich hinter dem Baum.

Viele Jahre später schrieb Siemens an seinen Bruder Carl:

> *„Ideen an und für sich haben nur einen sehr geringen Wert. Der Wert einer Erfindung liegt in der praktischen Durchführung."*

Siemens und Halske

Am 1. Oktober 1847 gründeten Siemens und Halske in einem Berliner Hinterhaus in der Schöneberger Straße Nummer 19 die „Telegraphen-Bau-Anstalt von Siemens & Halske". Am 12. Oktober 1847 war die 150 Quadratmeter große Werkstatt mit Werkzeugen und Maschinen, darunter drei noch mit Muskelkraft angetriebenen Drehbänken, eingerichtet. Bis zum 20. Dezember hatte man zehn Arbeiter angestellt. Hier entwickelten Siemens und Halske Blitzsicherungen, Porzellanisolatoren, Einzelteile, die für eine brauchbare Nachrichtentechnik nötig waren, sowie unterirdische und unterseeische Telegrafenkabel, mit Guttapercha, einem kautschukähnlichen Pflanzensaft, ummantelt. Da Siemens hauptberuflich noch immer Offizier war, führte Halske die Firma vorerst allein.

Eine Woche nach der Firmengründung erhielt der Siemens'sche Zeigertelegraf das im Mai angemeldete Patent für Preußen. Bald ging der erste Auftrag ein: Die von „Siemens & Halske" 1848 installierte Verbindung zwischen der preußischen Hauptstadt und Frankfurt am Main war die damals längste europäische Telegrafenleitung. Dank dieser Verbindung konnten im April 1849 die Beschlüsse der Frankfurter Nationalversammlung in nur 60 Minuten telegrafisch nach Berlin übermittelt werden.

Im selben Jahr zählte die Firma bereits 25 Beschäftigte. Erst jetzt ließ sich Siemens beurlauben, um sich ganz dem Unternehmen widmen zu können. Auf der Weltausstellung 1851 in London erhielt er die höchste Auszeichnung. Als das Unternehmen aufgrund fehlender weiterer Aufträge des preußischen Staats in die Krise geriet, brachten Auslandsgeschäfte den nötigen Aufschwung.

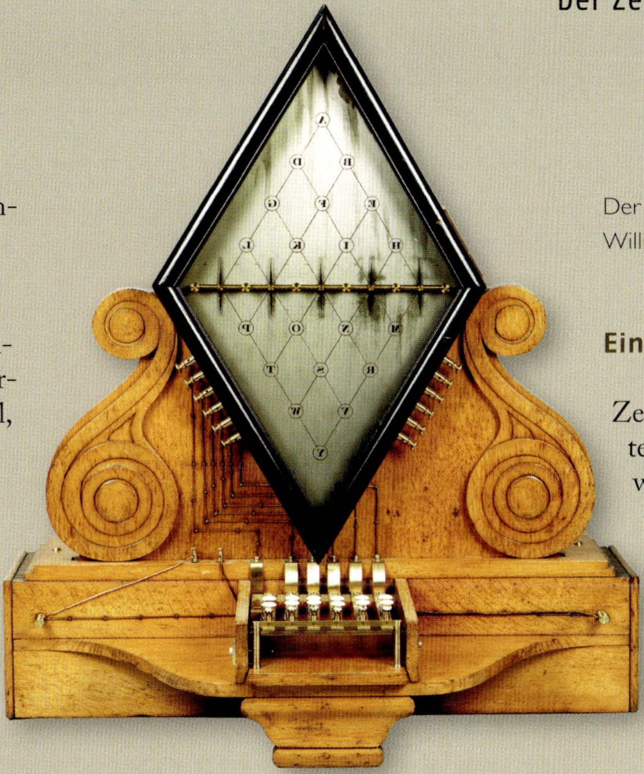

Der Fünfnadeltelegraf von Charles Wheatstone und William Cooke von 1837 war noch fehleranfällig.

Zwischen 1853 und 1855 baute das Unternehmen das russische Ferntelegrafennetz, für das auch Kabel durch die Ostsee verlegt werden mussten. Es erstreckte sich über 10 000 Kilometer von Finnland über St. Petersburg, Moskau, Kiew und Odessa bis zur Krim, zum Baltikum, nach Warschau und nach Myslowitz. Nach zwei Jahren Bauzeit ging 1870 die 11 000 Kilometer lange Telegrafenlinie zwischen London und Kalkutta in Betrieb. Auch der Ozean war nicht mehr unüberwindbar. 1874/75 wurde mithilfe des für diesen Zweck konstruierten Kabellegeschiffs „Faraday" ein Telegrafenkabel von Irland über Neufundland bis zur amerikanischen Küste verlegt. Weitere Aufträge für Transatlantikkabel folgten.

Ein pflichterfüllender Diener

Zehn Jahre später beschäftigte das Unternehmen, das unterdessen umgezogen war, 1100 Arbeiter und gab einem ganzen Stadtteil den Namen: „Siemensstadt". Seinen Arbeitern fühlte sich Siemens zeitlebens verpflichtet. Viel früher als der Staat schuf er eine Pensions-, Witwen- und Waisenkasse, denn ihm würde, schrieb er, „das verdiente Geld wie glühendes Eisen in der Hand brennen, wenn ich treuen Gehilfen nicht den erwarteten Anteil gäbe". Bei der Expansion der Firma setzte er auf die Familie. Seine Brüder wurden alleinige Teilhaber und leiteten die Geschäfte in London und St. Petersburg. Auch die drei Töchter und drei Söhne stiegen in das Unternehmen ein. Lange wehrte sich Siemens gegen die Umwandlung der Firma in eine Aktiengesellschaft. Noch 1884 hatte er seinem Bruder Carl geschrieben: „Für augenblicklichen Gewinn verkaufe ich die Zukunft nicht." 1888 erhob ihn der preußische Kaiser Friedrich III. in den Adelsstand. Am 6. Dezember 1892 starb Werner von Siemens in Berlin. Er wurde auf dem Alten Luisenfriedhof in Charlottenburg beigesetzt und später in das Familiengrab auf dem Stahnsdorfer Südwestkirchhof umgebettet.

Thier-Circus
CONCERT
BAL
100
Thaler

Die Litfaßsäule

Berliner Straßenmöbel mit Langzeitwirkung

„Ich wollte von gar nichts wissen.
Da habe ich eine Reklame erblickt,
Die hat mich in die Augen gezwickt
Und ins Gedächtnis gebissen.“

Joachim Ringelnatz, Reklame, 1928

In die Zeit nach der 1848er-Revolution gehört eine Erfindung, die aus Berlins Stadtbild nicht mehr wegzudenken ist: die Litfaßsäule. Ihr Namensgeber Ernst Theodor Amandus Litfaß gehörte zu den erfolgreichsten Berliner Unternehmern im 19. Jahrhundert.
Der Familientradition der jüdischen Buchdrucker- und Buchhändlerfamilie folgend, ging der am 11. Februar 1816 in Berlin geborene Litfaß in der Schlesinger'schen Buch- und Musikalienhandlung Unter den Linden in die Lehre, verspürte aber wenig Neigung zu Lettern und Druckerschwärze im väterlichen Unternehmen in der Berliner Adlerstraße 6 in der Nähe des Werderschen Marktes. Er wollte die Welt sehen und bereiste Paris, Brüssel und London. In Brandenburg dilettierte er als „Herr Flodoardo aus Berlin“ in der Schauspielerei und begründete nach seiner Rückkehr nach Berlin das Theater „Lätitia“ am Rosenthaler Tor, das spätere Vorstädtische Theater, bevor er 1846 den Familienbetrieb übernahm und mit frischen Ideen modernisierte. Indem er als Erster in Berlin eine dampfbetriebene Schnellpresse, später auch den Buntdruck, einführte, konnte er viel schneller viel größere und nun sogar farbige Anschlagzettel, sogenannte Litfaßzettel, herstellen.

Der „Säulenheilige“

In den Tagen der Revolution engagierte sich Litfaß als königstreuer Demokrat, druckte Flugschriften und Zeitungen wie die „Berliner Schnellpost“ und wurde Herausgeber der Satirezeitschrift „Berliner Krakehler“, die im Mai 1848 „Ruhe als letzte Bürgerpflicht“ verkündete. Mit dem Einzug des Generals Friedrich von Wrangel zur Niederschlagung der Revolutionäre in Berlin im November 1848 landete der „Krakehler“ auf dem Index. Der geschäftstüchtige Litfaß, der die Zeichen der Zeit erkannt und sicherheitshalber auch schon mal ein Loblied auf die Zensur gedruckt hatte, orientierte sich neu und verlegte 1851 den „Tages-Telegraph“, das erste Berliner „Stadtmagazin“ mit Werbung für Theateraufführungen und Konzerte, verschiedene

Der Erfinder der nach ihm benannten Säule: Ernst Litfaß. Lithografie um 1860

Vergnügungen und Restaurantbesuche. Und da sich mit „Reklame“ seit den 1850er-Jahren auch in der preußischen Hauptstadt ein sehr gutes Geschäft machen ließ, begründete er für die hier erscheinenden „Inserate“ eine Agentur.

Damals waren alle freien Flächen Berlins – Wände, Bäume, Zäune – mit unzähligen Werbeplakaten, Anzeigen und Bekanntmachungen beklebt, darunter auch mit zahlreichen Plaka-

Zeitgenössische Lithografie zur ersten Berliner Litfaßsäule

ten aus Litfaß' Druckerei. Das verschandelte nicht nur das Stadtbild, es war auch dem Berliner Polizeipräsidenten Karl Ludwig Friedrich von Hinckeldey ein Dorn im Auge. Er hätte die unübersichtliche Plakatiererei gern einer Zensur unterworfen, was kurz nach der Revolution nicht gut möglich war. Wie recht kam ihm da sicher Litfaß' Vorschlag, auf den Straßen der preußischen Hauptstadt feste Reklamesäulen aufzustellen, die ausschließlich von dessen Firma plakatiert werden dürften. Die Idee war nicht neu: Großstädte wie Paris und London waren in puncto „Reklame" viel weiter und hatten mit mobilen oder gemauerten Plakatsäulen bereits gute Erfahrungen gemacht. Sozusagen als Zugabe zu den geplanten 100 „Annonciersäulen" wollte Litfaß auch 50 Brunnen und 30 öffentliche Toiletten mit Holz verkleiden, um auch diese für den Plakatanschlag nutzen zu können.

Die Probesäule am Alex

Schon am 5. Dezember 1854 erging der amtliche Beschluss:

„Dem Buchhändler Ernst Litfaß, allhier ansässig in der Adlerstraße 6, wird auf dero persönliches Ersuchen hin gestattet, auf fiskalischem Straßenterrain Anschlagsäulen zwecks unentgeltlicher Aufnahme der Plakate öffentlicher Behörden und gewerbsmäßiger Veröffentlichungen von Privatanzeigen zu errichten. Alles andere Plakatieren von Zetteln ist künftig verboten."

Unter den Linden/Ecke Friedrichstraße wurde am 18. Oktober 1930 die erste leuchtende Litfaß-Säule in Betrieb genommen.

Die Begeisterung der Berliner hielt sich erst einmal in Grenzen. Hausbesitzer sorgten sich, dass ihr Grundstück weniger wert sei, wenn eine Litfaßsäule davor stünde. Die Errichtung einer Probesäule am 15. April 1855 bei der sogenannten Ziegenbockswache in der Nähe des Alexanderplatzes sollte die skeptischen Hauptstädter mit dem neuen Medium bekannt machen.

Um beiden Seiten ihren Vorteil zu sichern, regelte eine Polizeiverordnung am 18. Juni 1855 die Plakatierung. Die Polizei hatte somit alles unter Kontrolle, den Werbekunden war Ordnung, Pünktlichkeit und Verlässlichkeit zugesichert. Sie konnten künftig sicher sein, dass ihre Plakate für die gemietete Zeit ohne Überklebungen zu sehen sein würden, denn ein von Litfaß einzustellender Anschlag-Inspektor sollte jeden Morgen die nummerierten Säulen inspizieren.

Am 1. Juli 1855, einem Sonntag, wurde an der Ecke Münzstraße/Grenadierstraße die erste von dem Architekten Gethmann entworfene und vom Berliner Zirkusdirektor Ernst Renz finanzierte Säule aus dunkelgrünem Eisenblech, gekrönt mit einem gusseisernen Palmettenfries, unter den Klängen der von Adalbert Kéler komponierten „Annoncier-Polka“ enthüllt. Litfaß persönlich hatte das Ständchen in Auftrag gegeben, die Noten wurden später in den Berliner Musikalienhandlungen verkauft. Für die Feier waren die Straßen Berlins bis in die frühen Morgenstunden von den wilden Aushängen befreit worden.

Das gefiel sogar den Berlinern, die an diesem Tag ihre Kritik an den „plumpen Missschöpfungen“ ebenso wie an der „Litfaselei“, dem nicht erfüllten Versprechen der Errichtung von Bedürfnisanstalten, ruhen ließen und in Scharen zu der Feierlichkeit kamen. Doch noch schwankte das neue Straßenmöbel zwischen bejahender Annahme und herber Kritik. In dem Reiseführer „Berlin und die Berliner“ von 1856 hieß es:

„Diese Anschlagsäulen, einer der neuesten genialen Gedanken des nach Monumenten jagenden Berlins, sind es, die sagen, wie es jetzt um Berlin steht: Schwindel – nichts als Schwindel. Alles was irgendein Unrat loswerden will, preist sich und seine Sachen hier in der lächerlichsten, marktschreierischsten Weise an.“

Das Straßenmöbel setzt sich durch

Das „Reklame“-Monopol bis 1865, dass sich Litfaß mit kaufmännischem Weitblick gesichert hatte, war mit der Auflage verbunden, an den Anschlagsäulen auch die neuesten Nachrichten zu publizieren. So versammelten sich künftig hier die Berliner, um Neuigkeiten zu erfahren. Am Beginn des preußisch-österreichischen Krieges 1866 und während des deutsch-französischen Krieges 1870/71 bot Litfaß dem Polizeipräsidenten an, Meldungen vom Kriegsschauplatz unentgeltlich zu drucken und anzuschlagen. Insgesamt 192 Kriegsdepeschen und Siegesmeldungen veröffentlichte Litfaß in den Kriegsjahren bis 1871 kostenlos an seinen Säulen. Hierfür sowie für sein Engagement für wohltätige Zwecke, vor allem für verwundete Soldaten und Hinterbliebene, für die er Feste und Konzerte, Feuerwerke und Spendenaktionen organisierte, zeichnete Kaiser Wilhelm I. Litfaß mit dem Kronen-Orden aus.

Der „Säulenheilige“ und „König der Reklame“ starb am 27. Dezember 1874 während einer Kur in Wiesbaden. Er wurde am 1. Januar 1875 auf dem Dorotheenstädtischen Friedhof an der Chausseestraße unter großem Anteil der Berliner beigesetzt. Sein Firmenimperium überlebte ihn nur kurz: Bei der 1880 neu auszuschreibenden Konzession unterlagen die Erben der Konkurrenz. Die ein Vierteljahrhundert alten Säulen wurden ausgetauscht und verpachtet, Werbesäulen an anderen Orten Deutschlands folgten. Mehrfach hat sich seitdem die Form geändert, der Name ist geblieben.

Eine bronzene Säule in der Berliner Münzstraße, wo die erste „Annonciersäule“ stand, erinnert noch heute an ihren Erfinder.

FRANKREICH
Praktische Beilage zu den Unterrichtsbriefen nach der
METHODE TOUSSAINT-LANGENSCHEIDT
Langenscheidtsche Verlagsbuchhdlg. (Prof. G. Langenscheidt)
Berlin-Schöneberg Bahnstraße 29/30
CINQUANTE FRANCS
Leserost
zu den Unterrichtsbriefen nach der
Methode Toussaint-Langenscheidt
BRIEFLICHER SPRACH- UND SPRECH
FÜR DAS SELBSTSTUDIUM ERWACHS
Langenscheidtsche Verlagsbuchhandlung (Prof. G.
Berlin-Schöneberg, Bahnstr. 29/30.
Prospekt; zugleich Einleitung in den Un

Die Toussaint-Langenscheidt-Lautschrift

Sprachkurse für alle

„Es ist ein wahrhaft peinliches Gefühl, unter Menschen zu sein und seine Gedanken nicht austauschen zu können.“

Gustav Langenscheidt
in seinem Reisetagebuch, 1850

1850 machte sich der 17-jährige Gustav Langenscheidt von Berlin aus auf den Weg, um fremde Länder kennenzulernen. Nachdem er eine kaufmännische Ausbildung mit Erfolg hinter sich gebracht hatte, wollte er erst einmal die Welt sehen. Mehrere Monate bereiste er die Nachbarländer Deutschlands und legte dabei rund 7000 Kilometer zu Fuß und mit der Postkutsche zurück:

„Hamburg war vorläufig mein Ziel. Mein Ränzel war leicht und drückte nicht. Denn was ich sonst noch an Effekten mitnahm, hatte ich der Post übergeben. Bei Warnow betrat ich die Mecklenburgische Grenze. Ich konnte kein Wörtchen der Landleute dieser Gegend verstehen. Sie sprechen ein schauerliches Plattdeutsch.“

Nicht nur hier, sondern erst recht in London, Paris, Mailand und Wien machte er die Erfahrung, dass Sprache und Verständigung zusammengehören.

Langenscheidts „Aussprachealphabet“

Nach Berlin zurückgekehrt, trat Langenscheidt im Sommer 1853 in die Armee ein und begann, sich mit der französischen Sprache zu beschäftigen. Der zu dieser Zeit übliche Sprachunterricht war jedoch nicht das, was er sich nach seinen praktischen Erfahrungen vorgestellt hatte. Die Kurse vermittelten Lesen und Schreiben, nicht aber das Sprechen.

Langenscheidt dachte über Methoden nach, die es ermöglichen würden, eine Sprache ohne Lehrer zu erlernen. Langenscheidt unterbreitete seinen Plan dem Sprachlehrer Charles Toussaint. Er konn-

Methode Toussaint-Langenscheidt

Geschützt unter Nr. 105360 und 106366

BRIEFLICHER SPRACH- UND SPRECH-UNTERRICHT

für das

SELBSTSTUDIUM DER SPANISCHEN SPRACHE

von

Prof. Dr. S. Gräfenberg

Oberlehrer an der Städtischen Handelslehranstalt zu Frankfurt am Main

ALS MANUSKRIPT GEDRUCKT

unter Mitwirkung von

D. Antonio Paz y Mélia

Oberbibliothekar an der Nationalbibliothek zu Madrid

ALLE RECHTE VORBEHALTEN

Ohn' Fleiß kein Preis

7. Brief | Spanisch | Abschnitt 227–264

Grammatisches Inhaltsverzeichnis: Redensarten betr. Zeit [232]. — Vergleichungsgrade [233]. — Unregelmäßige Komparation [234]. — Je ... desto [235]. — Ebensoviel ... wie [236]. — „Als“ nach dem Komparativ [237]. — Vom Verbum [245]. — Die verschied. Arten der Verben [246]. — Hilfszeitwörter [247]. — Tätige od. transitive Zeitwörter [248]. — Neutrale od. intransitive Zeitwörter [249]. — Reflexive Zeitwörter [250]. — Reciproke Zeitwörter [251]. — Unpersönliche Zeitwörter [252]. — Wiederholung [253]. — Modus [254]. — Tempus [255]. — Singular und Plural des Subjekts [256]. — Je 3 Personen für Singular u. Plural [257]. — Konjug. der Hilfsverben [258]. — Bemerkungen zu den Hilfsverben [259].

Um den Schüler nach und nach möglichst selbständig zu machen, beschränken wir von nun an die Angabe der Bindung auf A. Text und J. Gespräche.

13. Lektion.

Wer liebet Ehr' und Preis, — scheu' auch nicht Müh' und Fleiß! (Sprichwort.)

227. (Übung 1—4) **A. Text.** (Vgl. 59 u. Arbeitsplan)

Cada noche 1 se iban reduciendo] más sus ganancias. Por un
ka'-da no'-tsche ße_i'-ban Re-du-zie'n-do ma"ß ßuß ga-na'n-ziaß. po-R_u"n
Jeden Abend sich gingen zurückgehend mehr seine Einnahmen. Auf einer

lado 2 la necesidad de seguir siempre adelante,] y por otro 3 la
la'-do la ne-ze-ßi-da'' de ße-gi'R ßie'm-pRe_a-de-la"n-te, i po-R_o"-tRo la
Seite die Notwendigkeit weiterzugehen immer vorwärts und auf der andern der

falta de novedad,] que 4 en España] se paga siempre muy cara,
fa'l-ta de no-we-da"', ke_e-n_eß-pa'-nja ße pa'-ga ßie'm-pRe mui ka"-Ra,
Mangel an Neuem, das in Spanien sich bezahlt immer sehr teuer,

le iban privando todos los dias de algunos céntimos. Con los que
le_i'-bam pRi-wa'n-do to'-doß loß di'-aß de_al-gu'-noß ze"n-ti-moß. kon loß ke
ihn gingen beraubend alle die Tage einiger Centimos. Mit denen, die

traía á casa al retirarse 5 apenas podía introducir en el
tRa-i'-a a ka"-ßa_al Re-ti-Ra'R-ße a-pe'-naß po-di'-a_in-tRo-du-zi'-R_e-n_e-l_
er brachte nach Hause beim sich heim begeben, kaum er konnte einführen in den

estómago algo] 6 para no morirse de hambre.] Su situación 7 era
eß-to"-ma-go_a'l-go pa'-Ra no mo-Ri'R-ße de_a"m-bRe. ßu ßi-tua-zio'-n_e'-Ra
Magen etwas, um zu nicht sterben vor Hunger. Seine Lage war

METH. TOUSS.-L. SPAN. ORIG.-U.-B. — 145 —

Ein Sprachlernbrief für das Spanische nach der Methode Toussaint-Langenscheidt: Der Interlinearübersetzung ist stets die Lautschrift des jeweiligen fremdsprachigen Wortes beigegeben.

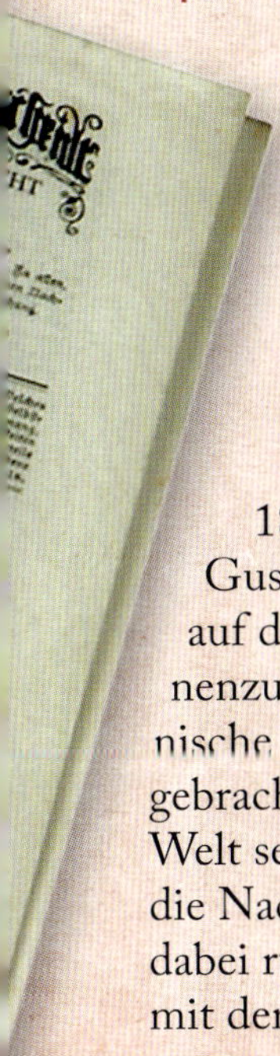

Lernbriefe zum Selbststudium der französischen Sprache, erfunden von Gustav Langenscheidt

Gustav Langenscheidt, der Erfinder der Selbstlernsprachkurse

te diesen überzeugen, gemeinsam an der Darstellung französischer Wörter in einer Lautschrift zu arbeiten.

Langenscheidts „Aussprachealphabet“ bestand aus deutschen und lateinischen Buchstaben (Fraktur und Antiqua) sowie aus Buchstabenverbindungen (zum Beispiel „ch“). Zu betonende Laute, Silben und Wörter wurden durch Fettschrift gekennzeichnet, schwache Laute durch hochgestellte Schrift. Hinzu kamen fünf Zusatzzeichen: das Breve ˘ für einen kurzen und das Makron ¯ für einen langen Laut, der einfache Strich ′ für einen Wort-, der Zweistrich ″ für einen Satzakzent, der Liaisonbogen ‿ für eine Lautverbindung.

Fremdsprachenerwerb im Selbststudium

1856 legte Langenscheidt unter dem Titel „Unterrichtsbriefe zur Erlernung der französischen Sprache“ ein aus einzelnen gedruckten Lernbriefen bestehendes Sammelwerk vor. Die sogenannte Methode Toussaint-Langenscheidt (MeTouLa) arbeitete mit Interlinearübersetzungen, das heißt Wort-für-Wort-Übersetzungen. Die Lautschrift, die der Übersetzung beigegeben war, vermittelte dem selbstständig Lernenden ein Bild der Aussprache, da auf der Grundlage schriftlichen Unterrichtsmaterials kein klangliches Beispiel zur Verfügung stand. Das Unterrichtswerk bestand aus zwei mal 18 Lernbriefen, die jeweils einen Kurs bildeten. In einem Lernbrief waren zwei Lektionen enthalten. Zur Aufbewahrung gab es einen Schuber gratis.

Doch Langenscheidts Ziel, jedem das Erlernen der französischen Sprache im Eigenstudium zu ermöglichen, scheiterte zunächst noch daran, dass er keinen Verlag fand, der zur Herausgabe des Unterrichtswerks bereit war. Kurzerhand gründete Langenscheidt zum 1. Oktober 1856 seinen eigenen Verlag im Berliner Prenzlauer Berg, in der Schönhauser Allee 177a. Hier vertrieb er die Selbstlernsprachkurse als Komplettpaket und im Abonnement. Letzteres empfahl er und bewarb es offensiv, da es das Lernen in überschaubaren „Portionen“ ermöglichte. Dabei galt:

> *„Das Studium eines Briefes erfordert, bei einem Zeitaufwande von täglich etwa zwei Stunden, vierzehn Tage, der eines Kursus von achtzehn Briefen also neun Monate.“*

Um eine Fremdsprache vollständig zu erlernen, gab Langenscheidt somit einen Zeitraum von eineinhalb Jahren vor. Zum Abschluss des Kurses konnte sich der Lernende vom Verlag eine Prüfungsaufgabe erbitten und erhielt ein Zeugnis, wenn er das Prädikat „genügend“ erreicht hatte. Indem jeder erste Lernbrief in doppelter Ausfertigung mit der Bitte um Weitergabe an Interessenten verschickt wurde, fanden sich immer neue Lernwillige.

Langenscheidts Sprachlernbriefe wurden als „eine der geistreichsten Erfindungen der Neuzeit“ gefeiert.

1857 heiratete Langenscheidt, noch immer beim Militär, Pauline Hartmann, mit der er zwei Töchter und vier Söhne hatte, darunter den Schriftsteller und Verleger Paul Langenscheidt und Carl Gustav Felix Langenscheidt, der sein Nachfolger werden sollte.

Die große Beliebtheit der französischen Lernbriefe brachte dem Verlag auch wirtschaftlichen Erfolg: Von 1856 bis 1860 fuhr er einen Gewinn zwischen 3000 und 5000 Talern jährlich ein, was heutzutage ca. 30 000 Euro entsprechen würde. Damit finanzierte der Verlag 1861 die Herausgabe der von Henry Lloyd und Carl von Dalen entwickelten englischen Sprachbriefe. Diese stießen jedoch auf weit weniger Interesse als die französischen und konnten an den großen Erfolg nicht anknüpfen.

Das verflixte französische Wörterbuch

1866 bezog der Verlag ein neues Gebäude an der Halleschen Straße 17 in Kreuzberg, im darauffolgenden Jahr gehörte dazu eine eigene Druckerei. Unterdessen hatte Langenscheidt Anfragen erhalten, ob er nicht ein Wörterbuch der französischen Sprache unter Nutzung der neuen Lautschrift herausgeben könne. Mit den Romanisten Carl Sachs und Césaire Villatte fand er Partner für das 1863 begonnene Projekt, das man bis 1866 abschließen wollte. Doch den Beteiligten fehlte es an Erfahrung, um das Arbeitspensum realistisch einzuschätzen. Auch die technische Umsetzung erwies sich als ausgesprochen schwierig. Zudem verlangte die Bürokratie von Langenscheidt den Nachweis der Qualifikation als Buchdrucker, und kurz vor der Fertigstellung drohte auch noch eine Rechtschreibreform.

Eine Überarbeitung hätte den Ruin bedeutet. Langenscheidt, dem die Preußische Akademie der Wissenschaften 1874 für seine Verdienste um die Sprachdidaktik den Professorentitel verliehen hatte und der 1879 anlässlich der Berliner Gewerbeausstellung mit einem Diplom für hervorragende Leistungen im Buchdruck geehrt worden war, wandte sich an den Kultusminister und konnte eine Verlängerung der Übergangsfrist für die Reform erwirken. 1880 konnten die Arbeiten am 4000 Seiten starken „Encyclopädischen Wörterbuch der französischen und deutschen Sprache" abgeschlossen werden. Elf Jahre später begann sich Langenscheidt zusammen mit Eduard Muret und Daniel Sanders mit dem englischen Wörterbuch zu beschäftigen. Dessen Veröffentlichung 1901 erlebte Langenscheidt nicht mehr, er starb mit 63 Jahren am 11. November 1895 in Berlin.

Bis zum Zweiten Weltkrieg behielt die von Langenscheidt und Toussaint geschaffene Lautschrift Gültigkeit. Erst danach wurde sie durch die internationale Lautschrift (IPA) ersetzt. Die MeTouLa-Sprachlernbriefe wurden ab Ende der 1950er-Jahre zugunsten didaktisch veränderter Sprachkurse und Bücher nicht mehr vertrieben. Langenscheidts „Encyclopädische Wörterbücher" gehörten jedoch zum Grundstock des Verlagsprogramms.

Noch heute steht das blaue „L" als Synonym für Wörterbücher, kartografische Werke, Reiseführer und neue Medien – kurz: für vieles, was auch heute dem Weltenbummler und Entdecker dienlich ist.

Titelblatt des „Sachs-Villatte", des deutsch-französischen Wörterbuchs unter Verwendung der Toussaint-Langenscheidt-Lautschrift

Gasbeleuchtung für Eisenbahnwagen

Pintsch brachte Licht ins Dunkel des Abteils

„Der Conducteur ist inzwischen aus dem Packwagen gestiegen, reißt geschäftig die schmalen Abteiltüren auf. ‚Minden, Minden, Zug endet hier', ruft er in jeden Wagen hinein. Kaum ist Licht in den Abteilen zu sehen, denn in der III. und IV. Klasse flackern nur je zwei Rüböllampen, die in einer kleinen Öffnung der Abteilwände stehen. ‚Licht' kann man das eigentlich nicht nennen, höchstens eine schwache Funzel, die das Wiederfinden des Ränzels erlaubt, das als Kissen auf der harten Liegebank dient."

Aus einer zeitgenössischen Reisebeschreibung

Als die erste deutsche Eisenbahn 1835 von Nürnberg nach Fürth rollte, verfügte sie über keinerlei Beleuchtung – brauchte sie auch nicht, da ihr Betrieb bei hereinbrechender Dunkelheit eingestellt wurde. Später dienten zwei Kutschlaternen mit Öllampen oder Kerzen, die man den Lokomotiven vorn aufsteckte, als einzige äußere Beleuchtung. Drinnen verströmten Rüböllampen ein wenig Licht. Das mit heller Flamme brennende Petroleum verbesserte zwar in den 1860er-Jahren die äußere Beleuchtung, wegen der hohen Brandgefahr kam es jedoch innerhalb der Waggons nicht infrage. Abhilfe schaffte erst das „Pintsch-Gas".

Die Nacht zum Tag verkehren

Seit Beginn des 19. Jahrhunderts hatte die Gasbeleuchtung in vielen Städten Einzug gehalten und war als technischer Fortschritt gefeiert worden. Dennoch: Nicht jeder zeigte sich begeistert über die Neuerung, und einigen erschien sie sogar „als Eingriff in die Ordnung Gottes". Denn „die Nacht [ist] zur Finsternis eingesetzt, die nur zu gewissen Zeiten vom Mondlicht unterbrochen wird. Dagegen dürfen wir uns nicht auflehnen, den Weltplan nicht hofmeistern, die Nacht nicht zum Tage verkehren wollen".

Der Firmengründer Julius Pintsch führte sein Unternehmen mit Gasmessern und Gaslampen zur Blüte.

In Berlin hatte man 1825 die Gasbeleuchtung eingeführt, in den 1840er-Jahren begann die Stadt mit dem Aufbau einer eigenen Gasversorgung. Zu diesem Zeitpunkt gab es in der Hauptstadt erst wenige Gastechnikbetriebe, darunter die Kellerwerkstatt von Julius Carl Friedrich Pintsch am Stralauer Platz 4 im Berliner Friedrichshain. Nach einer Klempnerlehre, Gesellenjahren und Lohnarbeit hatte er sich selbstständig gemacht und reparierte Gasmesser und mit Gas betriebene Leuchten – Produkte, die bisher aus Großbritannien eingeführt wurden und sehr störanfällig waren.

Nur dürftig beleuchtet waren die Zugabteile, bis sich die Pintsch-Gaslampen in den Zügen durchsetzten. Gemälde von Adolph Menzel um 1848

Als Pintschs ältester Sohn Richard 1840 geboren wurde, war das Unternehmen noch klein, begann aber bald zu florieren. 1847 reichte die Kellerwerkstatt nicht mehr aus, sodass sich Pintsch am Stralauer Platz 6/7 eine Fabrik einrichtete. Vier Jahre später beauftragte ihn die Berliner Stadtverwaltung mit der Herstellung von 50 Gasmessern für Berliner Haushalte. Richard Pintsch, der eine höhere Bürgerschule besucht hatte, begann im Oktober 1854 eine Lehre im väterlichen Unternehmen, die er als Meister abschloss. Auch die Söhne Oskar, Julius Karl und Albert traten später in die Fußstapfen des Vaters und wurden Mitinhaber der Firma.

Schon bald beschränkte sich das Geschäft nicht mehr auf Berlin. In den folgenden Jahren entwickelte sich die Auftragslage sogar so gut, dass Pintsch 1863 eine größere Fabrik in der Berliner Andreasstraße 72/73 eröffnen konnte, 1866 folgte eine Filiale für Gasmesser in Dresden, 1868 eine weitere in Breslau. 1867 stellte Julius Pintsch seine Fabrikate mit Erfolg auf der Weltausstellung in Paris aus und wurde sogar mit einer Medaille geehrt.

Es werde Licht im Zugabteil

Nachdem Pintschs Produkte auch international Anerkennung gefunden hatten, wurde die Niederschlesisch-Märkische Eisenbahngesellschaft auf ihn aufmerksam. Pintsch erhielt den lukrativen Auftrag, die Eisenbahnwaggons mit Gasleuchten auszustatten, da die bisher verwendeten Öllampen und Kerzen die Sicherheit im Zug gefährdeten.

Das für die Gasbeleuchtung normalerweise verwendete unkomprimierte Steinkohlengas war dafür allerdings ungeeignet. Es nahm zu viel Raum ein. Die Gasbehälter, die man hätte mitführen müssen, wären schlicht zu groß gewesen. Komprimieren konnte man das Gas ebenfalls nicht, weil es auf diese Weise den größten Teil seiner Leuchtkraft verloren hätte. Als Alternative bot sich das hochwertige schwerere Ölgas (Fettgas) an, das ohne Einbußen an Leuchtkraft komprimiert werden konnte. Eine weitere Schwierigkeit bestand darin, das Gas während der Zugfahrt kontinuierlich in gleichmäßiger Stärke aus dem Druckbehälter strömen zu lassen. Richard Pintsch gelang es 1867, einen Gasdruckregulator zu entwickeln, der diese Anforderung erfüllte.

1869 verkehrten die ersten zwei mit „Pintsch-Gas“ beleuchteten Personennachtzüge zwischen Berlin und Breslau. Nachdem Gasbehälter, Rohrleitungen und Druckregler die Serienreife erreicht hatten, wurden ab 1871 weitere Wagen der Niederschlesisch-Märkischen Eisenbahn mit „fahrenden Gaslampen“ versehen.

Zur Vermarktung der Pintsch-Patente bildeten sich in England, Frankreich, Österreich, Russland und Nordamerika selbstständige Gesellschaften, auch in Deutschland wurden Zweigbüros eingerichtet. Bis 1893 erhellte die Firma Pintsch nahezu 52 000 Waggons, 1908 waren es bereits 163 000. Um das erfor-

derliche Fettgas herstellen zu können, gründete Pintsch fast 190 Gasanstalten.

Die „Pintsch-Boje“

Auch zur Markierung der Seewege ließ sich das „Pintsch-Gas“ gewinnbringend einsetzen. 1877 wurden die ersten Leuchtbojen zwischen St. Petersburg und Kronstadt verlegt. Sie blieben auch bei starkem Seegang funktionstüchtig. 1880 rüstete die Firma Pintsch den Suezkanal und den Nord-Ostsee-Kanal mit den neuen Leuchtzeichen aus, sodass eine Durchfahrt nun auch nachts möglich war. 1908 existierten bereits 2396 sogenannte Pintsch-Bojen an den Küsten und Wasserstraßen aller Weltmeere.

Am 20. Januar 1884 verstarb Julius Pintsch in Fürstenwalde. Der Firmengründer hinterließ ein großes Industrieunternehmen, das seine Söhne schon 1879 übernommen hatten und das 1907 in die Julius Pintsch AG umgewandelt wurde. An den ersten Versuchen mit Gasglühlicht, dem sogenannten Auerlicht, hatte Julius Pintsch noch regen Anteil nehmen können.

Der Eisenbahnunfall im schweizerischen Bellinzona 1924, bei dem 15 Reisende in einem mit Pintsch-Lampen ausgerüsteten Zug verbrannten, bedeutete das Ende der Gasbeleuchtung in Eisenbahnwaggons. Im öffentlichen Leben ließ sich der Siegeszug des elektrischen Lichts sowieso nicht mehr aufhalten. Die Firma Pintsch hatte mit ihrem Zweigwerk in Fürstenwalde, der „Glühlampenfabrik Gebrüder Pintsch“, rechtzeitig dafür gesorgt, das Unternehmen in die neue Zeit zu führen.

Die Fabrik Julius Pintsch in Berlin. Entlang der Stadtbahn an der Andreasstraße 71–73 und der Langen Straße 22/23 wurde das Firmengelände Anfang des 20. Jahrhunderts zu einem stattlichen Komplex erweitert.

Überall auf der Welt wurden Züge mit Pintsch-Gaslampen ausgestattet. Gut zu sehen sind die Lampen in diesem Querschnitt zweier Zugabteile der Southern Pacific Railroad von 1895.

Die Erbswurst

Werbung für Knorrs Erbswurst um 1911

„Convenience" des 19. Jahrhunderts

„Wenn es mittags eilt, so helfen wir aus, weil wir in 20 Minuten eine gute, wohlschmeckende Suppe ergeben. Alle notwendigen Zutaten hierzu haben wir in uns. Sie sparen Arbeit, Zeit und Kohlen."

Erbswurst-Annonce aus dem Jahr 1931

Eintöpfe aus Dosen, Menüs in Plastikschalen, Pizzen in Pappverpackungen – das Angebot an sogenannten Convenience-Menüs ist inzwischen unendlich groß. Man muss nicht mehr kochen können, um satt zu werden. In vielen Haushalten ersetzen Mikrowellen zunehmend den eigenen Herd, der noch zu Großmutters Zeiten Gold wert war.

Convenience-Food ist jedoch keine Erfindung des 21. Jahrhunderts. Schon 1867 kreierte der Berliner Koch und Konservenfabrikant Johann Heinrich Grüneberg mit der sogenannten Erbswurst eines der ältesten Fertiggerichte, das sich industriell herstellen ließ – sozusagen die Tütensuppe der ersten Generation, nur ohne Tüte. Trotz des Namens steckt in der Erbswurst keine Wurst – vielmehr lässt sich mit der wurstförmig verpackten Masse auf einfache Weise eine Erbsensuppe zubereiten. Man fügt lediglich Wasser hinzu.

Wegbereiter der Erbswurst war die Rumfordsuppe, eine sehr preiswerte und nahrhafte Suppe aus Graupen und gelben Erbsen, die Benjamin Thompson, Reichsgraf von Rumford, 1795 für die Soldaten der Armee des Kurfürsten Karl Theodor von der Pfalz erfunden hat. Für drei Pfennig pro Portion wurde sie später in den Suppenküchen an Bedürftige verteilt. Thompson empfahl seinerzeit, in den Suppenteller noch etwas altbackenes Weißbrot zu geben, das gekaut werden konnte: „Das Kauen befördert bekanntlich die Verdauung sehr kräftig; auch verlängert es die Dauer des Genusses beim Essen." Heinrich Heine bezeichnete die Rumfordsuppe als eine „Suppe der Nützlichkeit". Im Gegensatz zur Erfindung Grünebergs war sie jedoch noch keine „Instant-Suppe", sondern stets frisch zubereitet.

Die Erbswurst im Kriegseinsatz

Der 1819 geborene Grüneberg war ein echter Berliner. Als Koch war er gut durchs Leben gekommen. Seine Erfindung hatte ihm 1867 allerdings noch nicht den großen Durchbruch gebracht. Erst mit dem Ausbruch des deutsch-französischen Krieges 1870 entwickelte Preußen ein reges Interesse an Grünebergs Erbswurst. Zwei Jahre vor seinem Tod 1872 verkaufte Grüneberg sein Patent für den damals hohen Preis von 35 000 Talern an die preußische Armee. Zuvor hatte das preußische Kriegsministerium versuchsweise Soldaten über einen Zeitraum von sechs Wochen ausschließlich mit Erbswurst und Kommissbrot

Königlich-preußische Anlage zur Fabrikation von Erbswürsten für die Armee. Holzstich um 1870 versorgt. Alle Soldaten hatten diese sehr einseitige Nahrungstortur ohne bleibende Schäden überstanden, und so verteilte die preußische Heeresleitung die Erbswurst – zuerst nur als „eiserne Ration“ gedacht – an ihre Soldaten. Sie waren damit im Notfall autonom: Die Suppe konnte Hungergefühle wirkungsvoll bekämpfen, das dafür notwendige Wasser aus der Feldflasche richtete im erhitzten Zustand keine gesundheitlichen Schäden an.

Die Presse zeigte sich begeistert von der „Wurstspezialität“ für das deutsche Heer. Die „Deutsche Industrie-Zeitung“ schwärmte:

„Unter den eigentümlichen Schöpfungen, welche der Krieg in Berlin hervorgerufen hat, befindet sich auch eine große Wurstfabrik, wie sie in der Welt noch nicht zum zweiten Male besteht […] Ein Berliner Koch namens Grüneberg hat nämlich sogenannte Erbswurst erfunden und sein Geheimnis dem Kriegsministerium […] verkauft. Richtiger gesagt ist das Fabrikat nicht eine Erbswurst, sondern ein vollständiges Erbsengericht, in einen Darm gefüllt, getrocknet und dauerhaft gemacht […] Die errichtete Wurstfabrik beschäftigt ein Arbeiterpersonal von nicht weniger als 1200 Personen, von denen 20 Köche […] an 40 Wurstbrei-Kesseln die Masse bereiten, die von 150 Wurstspritzen, von je einem Arbeiter bedient, in die Därme getrieben wird. Verarbeitet werden täglich 225 Zentner Speck, 450 Zentner Erbsmehl, 28 Scheffel Zwiebeln, 32 Säcke Salz à 125 Pfund […] Der Soldat braucht die Wurst (1 Pfund) nur in seinen Feldkessel zu legen und das Wasser siedend zu machen, so ist er fertig und hat genug daran.“

Karikatur auf den Erbswurstfabrikanten Grüneberg in der „Illustrierten Kriegszeitung für Volk und Heer“ von 1871

Knorr übernimmt

1889 übernahmen die Brüder Carl und Alfred Knorr in Heilbronn die industrielle Herstellung des brühfertigen Konzentrats nach Grünebergs Rezeptur. Sie waren die Söhne von Carl Heinrich Theodor Knorr, der 1838 sein Spezereiwarengeschäft in Heilbronn eröffnet hatte. Mit Fertigprodukten hatten sie bereits Erfahrung, denn seit den 1880er-Jahren fabrizierten sie in ihrer Fabrik neben „Knorr Haferschleim“ auch die „Patent-Sparsuppe Victoria“. Mit der industriell hergestellten Erbswurst gelang ihnen der Durchbruch zur „Suppenfabrik“, denn als billiges, nahrhaftes, fast unbegrenzt haltbares und einfach zuzubereitendes Gericht fand die Erbswurst auch außerhalb des Militärs ihren Platz in den deutschen Vorratskammern. In den Armenküchen der Berliner Metropole reichte man ebenfalls Erbsensuppe, eine Schüssel für 20 Pfennig; Brot gab es umsonst dazu. Bald gehörte die Erbswurst zur Grundausstattung von Wanderern, Bergsteigern und Expeditionen. Hausfrauen fanden zunehmend Gefallen an dem praktischen Produkt, schließlich mussten sie für eine schnelle Suppe kein Gemüse mehr waschen, putzen und schneiden.

Ein Firmenrezept aus dem Jahr 1912 zählt die wenigen Zutaten auf, die in der „Erbswurst ohne Speck“ steckten: 150 Kilogramm Erbsenmehl, 24 Kilogramm Salz, 6 Kilogramm Nierenfett, 3 Kilogramm Speckfett sowie weitere Zutaten wie Zwiebeln und Gewürze. Neben dem Urtyp konnte man bald auch verfeinerte Geschmacksvarianten kaufen: „Erbswurst mit Julienne“ oder „Erbswurst mit Sago“. Ab 1922 wurde die gepresste Erbspaste in Form von Portionstabletten von „Erbswurst-Rollerinnen“ nicht mehr, wie zuvor, in Naturdarm, sondern in Pergamentpapierrollen gewickelt.

Die Erbswurst, Klassiker des heute Convenience-Food genannten Lebensmittelsortiments für Kochmuffel, existiert noch immer und wird als „Knorr Erbswurst“ mit Speck in zwei Varianten – gelb und grün – hergestellt. Wie viele Erfindungen, die über 150 Jahre alt sind, hat auch die Erbswurst Veränderungen erfahren. Die Portionstabletten werden heute vollautomatisch in eine wurstförmige, mit Aluminium beschichtete Papierrolle verpackt, und auch die Zutaten haben sich verändert. Erbsmehl, geräucherter Speck und Speisesalz gehören zwar immer noch dazu – allerdings auch Aromen und Geschmacksverstärker. Die gelbe Erbswurst erhält ihre Farbe durch Beigabe von Curcuma, der grünen wird Gemüsesaftkonzentrat und Spinatpulver zugefügt.

Das Rezept (für zwei Personen) ist jedoch wie früher auch heute noch für ungeübte „Köche“ zu bewerkstelligen:

Man nehme 2 Erbswurst-Tabs, 2 Paar Würstchen, 1/2 Liter Wasser. Wer es „schwieriger“ mag, fügt zusätzlich 200 Gramm Bauchspeck hinzu, der in kleine Würfel geschnitten und in Butter oder Öl angebraten wird. Nebenbei zerdrückt man die Erbswurststückchen mit einer Gabel und verrührt die Paste im Topf mit kaltem Wasser. Nun bringt man das Ganze zum Kochen und sollte zwischendurch das Umrühren nicht vergessen. Anschließend muss die Suppe drei Minuten köcheln. Inzwischen kann man die Würstchen klein schneiden und der Suppe zufügen. Nach nochmals zwei bis drei Minuten ist die Erbsensuppe fertig und kann mit frischem Schwarzbrot serviert werden.

DAMEN
HERREN

Vom Madai-Tempel zum Café Achteck

Lösung für Berlins Bedürfnis

„Ach lieber Vater Hinckeldey
mach uns für unsre Pinkelei
doch bitte einen Winkel frei!"
Berliner Volksmund

Es ist kaum zu glauben, aber noch im 19. Jahrhundert hatte Berlin ein anrüchiges Problem. Vom „holden Duft" der Berliner Luft aus Paul Linckes Operette „Frau Luna" konnte keine Rede sein. Nicht nur, dass die Abwässer der Stadt bis zum Ausbau der Kanalisation ab den späten 1870er-Jahren ihren Weg über Rinnsteine und Sickergruben in die Spree nahmen. Auch jeder, den ein dringendes Bedürfnis überkam, musste sehen, wie er sein Problem löste. Das Benimmbuch „Die Galante Ethica" empfahl für diesen Fall: „Gehet man bey einer Person vorbey, welche sich erleichtert, so stellet man sich, als ob man solches nicht gewahr würde, und also ist es auch wider die Höflichkeit, selbige zu begrüßen."

Aufgrund der zunehmenden Bautätigkeit in der Stadt schwanden mit den Gebüschen die Möglichkeiten.

Das Pissoir in der Litfaßsäule?

Um 1824 soll es an der Nikolaikirche die erste öffentliche Toilette gegeben haben, die lange von der Polizei eingefordert worden war und die es in anderen europäischen Hauptstädten längst gab. Ab 1838 stritten Magistrat und Polizeipräsidium erbittert über Zuständigkeiten und die Finanzierung öffentlicher „Uriniranstalten", denn seit 1832 (und noch bis 1875) war die Polizei als Staatsbehörde und nicht die Stadt für das Berliner Straßenland verantwortlich. Bauliche Maßnahmen gehörten dagegen in den Zuständigkeitsbereich des Magistrats. Die Forderung der Polizei an den Magistrat, Pissoirs aufzustellen, lehnte dieser ausnahmslos ab. Bald jedoch war es mit der Taktik des Wegsehens nicht mehr getan. Zunehmend hatte sich auch in Berlin ein Bewusstsein für öffentliche Sauberkeit und Hygiene verbreitet.

Es war nicht zuletzt auch das Verdienst des Polizeipräsidenten Hinckeldey (1805–56), dass ab 1863 in Berlin Pissoirs aufgestellt wurden, auch wenn er diesen Erfolg nicht mehr miterlebte.

Nach der 1848er-Revolution richtete sich der Hilferuf der Berliner an ihren Polizeipräsidenten Karl Ludwig Friedrich von Hinckeldey, dem just zu diesem Zeitpunkt das Angebot des Berliner Unternehmers Ernst Litfaß zur Einrichtung von Annonciersäulen vorlag. Litfaß hatte sich bereit erklärt, im Innern von 30 Säulen öffentliche Bedürfnisanstalten auf seine Kosten einzurichten und zu betreiben, sofern der Magistrat die dafür nötigen Frisch- und

Ein „Café Achteck" auf dem Gendarmenmarkt, umgebaut zur Nutzung von beiden Geschlechtern

Abwasserleitungen bereitstellen würde. Litfaß erhielt die Konzession zur Errichtung seiner Säulen. Keine einzige erhielt jedoch jemals ein Urinal, da der Magistrat seinen Teil, die Bereitstellung von Wasserleitungen zur Spülung, nicht leistete.

Ein mühevoller Weg zum „Madai-Tempel"

1855 begann der Streit zwischen Magistrat und Polizei erneut. Erst 1862 gelang die Einigung. Fiskus und Magistrat wollten nun die Kosten für jeweils 15 Bedürfnisanstalten übernehmen. Im Folgejahr wurden tatsächlich die beiden ersten Anlagen gebaut. Dort, wo Besucher aus aller Welt in der Hauptstadt eintrafen, gegenüber dem Anhalter Bahnhof, installierte man die erste Anlage. Sie bot zwei stehenden Männern Platz und wurde von den Berlinern regelrecht gefeiert. Weitere folgten in verschiedenen Berliner Stadtteilen. Bis 1876 waren es insgesamt 56 Einrichtungen, nun sogar ausgerüstet mit kostenloser Wasserspülung.

Der äußeren Gestaltung der Anlagen brachte die Stadt von Anfang an großes Interesse entgegen. Die öffentlichen Bedürfnisanstalten sollten die Stadt nicht verunzieren, sondern möglichst sogar verschönern. Bereits ab 1847 gab es öffentliche „Konkurrenzen". Die sich daran beteiligenden Architekten entwickelten verschiedenste Formen: Die Entwürfe reichten von zweckmäßig bis romantisch.

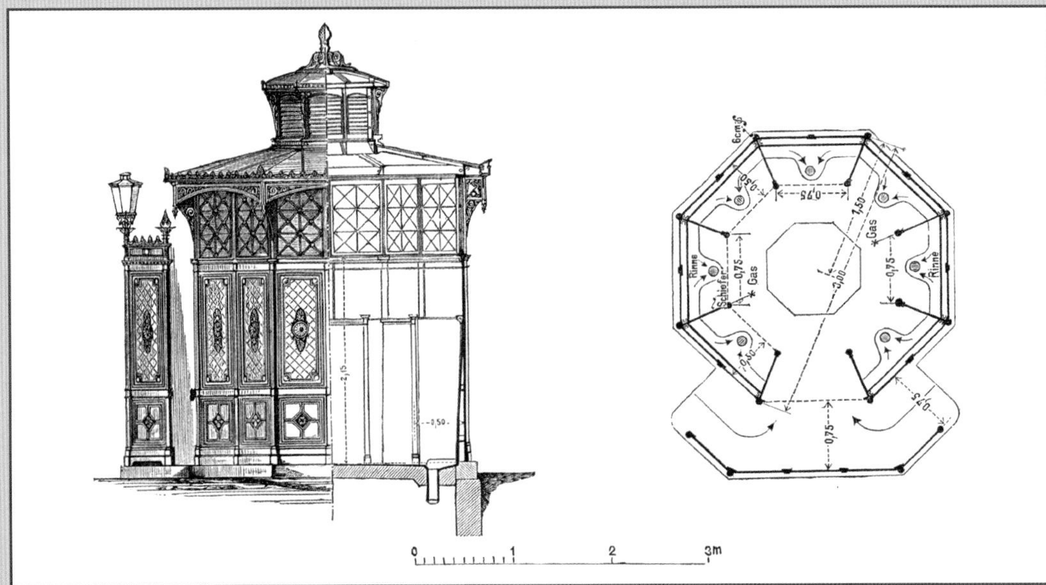

Grundriss des „Café Achteck"

Die ersten „Steh-Anlagen" aus Holz hatten verglaste Fenster und kleine Belüftungstürmchen auf schmuckvollen Dächern. Das regte die Berliner zum liebevollen Namen für ihre „Örtchen" an: Der Volksmund nannte sie „Madai-Tempel" nach dem nun amtierenden Polizeipräsidenten Guido von Madai, der sich wie sein Vorgänger für die Aufstellung öffentlicher Pissoirs in Berlin engagierte. Ein „Tempelwächter" achtete auf Ordnung und Hygiene und nahm gern dafür auch eine kleine Gabe in Empfang.

Des Waidmanns Lust

In den 1870er-Jahren setzten sich die Gestaltungsvorschläge für Bedürfnisanstalten zunehmend mit den technischen Möglichkeiten auseinander, welche die Berliner Eisengießereitechnik bot. Gewinner des neuen „Konkurrenzverfahrens" wurde der Berliner Stadtbaurat Carl Theodor Rospatt, der 1878 den Entwurf für ein praktisches Achteckformat mit sieben Stehplätzen lieferte. Die Firma Rössemann & Kühnemann, eine Eisengießerei, die kunstvolle Maschinenteile und Ofenplatten herstellte, wurde mit der Umsetzung beauftragt. Eine reich verzierte Ofenplatte diente als Vorlage für sieben gusseiserne Wandsegmente, die auf dem achteckigen Grundriss angeordnet waren. Vor dem Eingang in das Achteck stand ein Paravent aus mindestens drei Segmenten, der unerwünschte Einblicke verhinderte. Das Dach krönte eine achtseitige Lüftungshaube. Da die Eisensegmente im Farbton „Waldgrün" lackiert waren, erhielt das Gebilde den offiziellen Namen „Waidmannslust". Die ersten Anlagen wurden 1879 auf dem Weddingplatz und dem Arminiusplatz aufgestellt, und es dauerte nicht lange, bis die Berliner sie als „Café Achteck" bezeichneten. Bis 1920 gab es 142 Pissoirs vom Typ Waidmannslust in Groß-Berlin, und auch die Berliner Nachbarstädte und Gemeinden zogen bald nach.

1889 stellte man weitere ebenfalls achteckige Modelle der Unternehmergruppe Asten und Hirschberg auf. Wegen der Ähnlichkeit mit gleichnamigen Bauten hießen sie bald „Rotunde".

Lange Zeit vertrat die Berliner Stadtverwaltung die Meinung, dass Frauen aus „Sicherheits- und Schicklichkeitsgründen" ihr Bedürfnis zu Hause erledigen sollten. Man hatte das Negativbeispiel anderer Städte vor Augen. So sah sich der Hannoveraner Magistrat, der für die Marktfrauen auf dem dortigen Klagesmarkt ein Pissoir errichtet hatte, öffentlicher Schelte ausgesetzt:

„Man kann doch unmöglich von einer respektive allen Frauen erwarten, dass sie sich mit gespreizten Beinen über die angebrachten Gitter stellen und hierbei ihre Hosen und das übrige Unterzeug durchnässen. Ich bezeichne eine derartige Anlage in unserer heutigen Zeit als rückschrittlich. Meine Frau sagte zu mir nur die Worte: das haben Männer konstruiert."

So war auch das „Café Achteck" ausschließlich Männern vorbehalten. Für die Berlinerinnen gab es entsprechende Einrichtungen nur in öffentlichen Gebäuden, in Gymnasien und seit 1874 im Roten Rathaus. Erst mit der Einrichtung von 24 „Bedürfnisanstalten für Personen beiderlei Geschlechtes" durch den Unternehmer Rudolf Protz sollte sich hieran etwas ändern. 1879 erhielt er die Genehmigung zur Errichtung sogenannter Vollanstalten. Ab 1880 konnte man sie auf dem Dönhoffplatz, dem Gendarmenmarkt und Unter den Linden/Ecke Friedrichstraße finden. Anfangs waren sie aus Holz, dann überwiegend aus Eisen und Glas gefertigt. Sie enthielten ein Pissoir, jeweils vier Kabinen für Männer und für Frauen und einen weiteren Raum für die Wartefrau.

Bis zum Ende des Jahrhunderts, so die Statistik, gab es in der Metropole Berlin mehr als 170 Pissoirs verschiedenster Bauart: eiserne Vollanstalten, zweiständige, siebenständige und sogar Exemplare mit bis zu elf Plätzen. Heute sind nur wenige erhalten. Ein „Achteck", das erstaunlicherweise nie außer Funktion war und heute unter Denkmalschutz steht, finden Nostalgiker am Chamissoplatz.

Um 1900 existierten zahlreiche Bedürfnisanstalten auf Berliner Plätzen und Berliner Straßen, so auch am Alexanderplatz (Bildmitte).

Die elektrische Straßenbahn

Revolutionierung des Berliner Verkehrs

„Ein Übelstand ist dabei vorhanden, der darin besteht, dass die Pferde vier Beine haben und daher beim Passieren der Gleise oft gleichzeitig auf beide Schienen kommen. Sie erhalten dann eine elektrische Erschütterung, die sie verdrießlich macht.“

Siemens über den Probebetrieb der elektrischen Straßenbahn

1879 präsentierte Siemens auf der Berliner Gewerbeausstellung die erste elektrische Lokomotive der Welt.

Das dynamoelektrische Prinzip gehört zu den großen Entdeckungen des Wissenschaftlers und Industriellen Werner Siemens, der 1888 vom Kaiser für seine Verdienste um Wissenschaft und Gesellschaft in den Adelsstand erhoben wurde. Auf der Grundlage dieses Prinzips entwickelte Siemens den ersten elektrischen Generator und wurde somit zum Wegbereiter für die Starkstromtechnik.

Die erste „Elektrische“ der Welt

Als Werner Siemens am 31. Mai 1879 auf der Berliner Gewerbeausstellung am Lehrter Bahnhof die erste elektrische Lokomotive vorstellte, war die weltweite Resonanz gewaltig. Über eine zwischen den Schienen liegende Stromschiene (180 Volt Gleichstrom) wurde die kleine Lok angetrieben.

Zu diesem Zeitpunkt war das elektrische Verkehrsmittel weder in der Praxis, geschweige denn im Alltag getestet worden. Auch Investitions- und Betriebskosten ließen sich nicht beziffern. Um die Praxistauglichkeit seiner Erfindung prüfen zu können, bemühte sich Siemens bei der Berliner Stadtverwaltung um eine Konzession für elektrische Hochbahnen in der Berliner Friedrichstraße und in der Leipziger Straße – vergeblich. Für Siemens gab es nur die Möglichkeit, nach Groß-Lichterfelde, damals ein südlich von Berlin gelegener Vorort, auszuweichen. Hier existierte noch ein Teil der Bahngleise, die in den 1870er-Jahren genutzt worden waren, um die Baustelle der dortigen Kadettenanstalt (heute Standort des Bundesarchivs in der Finckensteinallee) mit Material zu versorgen. Siemens erwarb die Gleisanlage und baute sie entsprechend um.

Die erste von Siemens & Halske entwickelte elektrische Straßenbahn der Welt nahm 1881 ihren Betrieb im südlich von Berlin gelegenen (noch nicht eingemeindeten) Groß-Lichterfelde auf.

Der Holzstich um 1899 zeigt eine der ersten elektrischen Straßenbahnen in der Berliner Innenstadt, bereits mit Oberleitung und Bügelstromabnehmer.

Nach einer Probefahrt am 12. Mai 1881 nahm die erste elektrische Straßenbahn der Welt vier Tage später auf der 2,45 Kilometer langen Strecke zwischen dem heutigen S-Bahnhof Lichterfelde Ost und der Kadettenanstalt den Betrieb auf. Seinen Brüdern in England und Russland schrieb Siemens von dem überwältigenden Erfolg:

„Es ist merkwürdig, welche überzeugende Kraft jetzt hier in einer Fahrt auf der Lichterfelder Bahn sich äußert. – Vom Arbeitsminister bis zum einfachen Eisenbahnbaumeister sind jetzt alle Leute von der großen Zukunft des elektrischen Betriebes überzeugt!“

Der „preußische Eisenbahnminister“ und die Ehrengäste seien „überrascht und erstaunt“ gewesen, „als sie einen gewöhnlichen Eisenbahnwagen sahen anstelle der erwarteten Wägelchen und kleinen Locomotivchen, und noch mehr, als der Wagen sich sofort mit ca. 30 km Geschwindigkeit in Bewegung setzte und auch bei der Steigung 1:100 nicht viel an Geschwindigkeit verlor“.

Die Berliner Zeitungen hatten das Event allerdings verschlafen. Die „Vossische Zeitung“ hatte gar nichts berichtet; der in Berlin erscheinenden „National-Zeitung“ war das Ereignis wenigstens eine Kurzmeldung wert:

„Gestern Mittag 1 Uhr ist die elektrische Eisenbahn von dem Bahnhofe Lichterfelde der Berlin-Anhaltischen Bahn nach der Hauptkadettenanstalt dem Verkehr übergeben worden. An der Einweihungsfahrt beteiligten sich über 90 Personen. Die Fahrt verlief ohne jede Störung zur vollsten Zufriedenheit aller Teilnehmer.“

Da der bei der Fahrt zum Einsatz gekommene Wagen nur 20 Personen fasste, hatte der Berichterstatter anscheinend auch alle Gäste mitgezahlt. Der Wagen war einer der drei von Siemens & Halske für den Straßenbahnbetrieb umgerüsteten Pferdebahnwagen. Der Fahrer bediente Bremse und Signalglocke und verkaufte Fahrscheine. Die ersten Wagen erreichten eine Durchschnittsgeschwindigkeit von 20 Kilometern pro Stunde.

In einem Bericht stellte Siemens aber auch die Probleme der Lichterfelder Bahn dar: Die Pferde, die die zu der Zeit noch allerorts üblichen Pferdebahnwagen zogen, wurden beim Betreten der Gleise „elektrisiert“. Indem die Schienen an den Wegeübergängen stromlos geschaltet wurden, ließ sich das Problem lösen. Die elektrischen Wagen fuhren mit Schwung darüber hinweg.

Auch auf der im August 1881 in Paris veranstalteten ersten Internationalen Elektrizitätsausstellung zeigte Siemens & Halske seine elektrische Straßenbahn. Die Pariser waren begeistert von der Fahrt vom Place de la Concorde zum Palais de l'Industrie. Diese Begeisterung habe dazu beigetragen, den Namen Siemens „den Parisern geläufig zu machen“, schrieb Werner an seinen Bruder Carl in Russland.

Die Oberleitung bringt Gewinn

Ein Jahr nach dem Start der ersten „Elektrischen“ nahm man auf der Strecke Charlottenburg–Spandauer Bock (heute etwa Spandauer Damm/Ecke Reichsstraße) einen zweiten Probebetrieb mit Oberleitung und Kontaktwagen, einer Art Stromabnehmer, auf. Die Wagen hatten 16 Sitzplätze und konnten insgesamt 50 Personen befördern. In den 1880er-Jahren wurden jedoch nur wenige elektrische Straßenbahnen aus der Taufe gehoben. Das sollte sich erst mit dem durch den Siemens-Ingenieur Walter Reichel 1889 entwickelten Bügelstromabnehmer ändern. Die Lichterfelder Straßenbahn bezog ihren Strom bereits ab 1890 aus der Oberleitung, die 500 Volt Gleichstrom führte.

Als die Landgemeinde Pankow, seit 1874 durch die Große Berliner Pferde-Eisenbahn mit Berlin verbunden, zu Beginn der 1890er-Jahre eine Verbindung nach Gesundbrunnen (bereits 1861 nach Berlin eingemeindet) anstrebte, schlug das Unternehmen Siemens & Halske eine elektrische Bahn vor. Im April 1893 wurde der Vertrag geschlossen, auch Berlin stimmte im Mai 1894 zu. Doch während die Pankower zügig begannen, verzögerte Berlin den Bau der Oberleitungen – diese empfand man als Verschandelung des Stadtbildes. Erst am 19. März 1895 gab der Polizeipräsident seine Zustimmung für 50 Jahre. Am 10. September 1895 konnte schließlich die erste elektrische Berliner Straßenbahnlinie zwischen Gesundbrunnen und Pankow eröffnet werden.

Mit der Gewerbeausstellung im Treptower Park 1896 setzte in Berlin endlich der große Umschwung ein: Die elektrischen Straßenbahnen setzten sich durch. Ein am 14. September 1897 in Betrieb genommener Wagentyp bezog seinen Strom sogar aus einem „Akku“. Lange hielten die „Akkumulatorenträume“ jedoch nicht vor: Es dauerte zu lange, die Akkus zu laden, sie waren zu schwer und störanfällig. Letztlich gewannen die Oberleitungen das Rennen. Fünf Jahre später war fast das ganze Berliner Straßenbahnnetz „elektrisch“.

Der „Elektrischen“ folgt 1902 die U-Bahn. Dank Straßenbahn, Omnibus, U-Bahn und S-Bahn hat Berlin heute eines der größten Nahverkehrsnetze der Welt.

Um 1905 bietet sich dem Berliner Bürger ein ganz anderes Bild seiner Stadt als noch 20 Jahre zuvor: Nicht mehr Pferdebahnen und Pferdeomnibusse prägen den Verkehr, sondern elektrische Straßenbahn und U-Bahn.

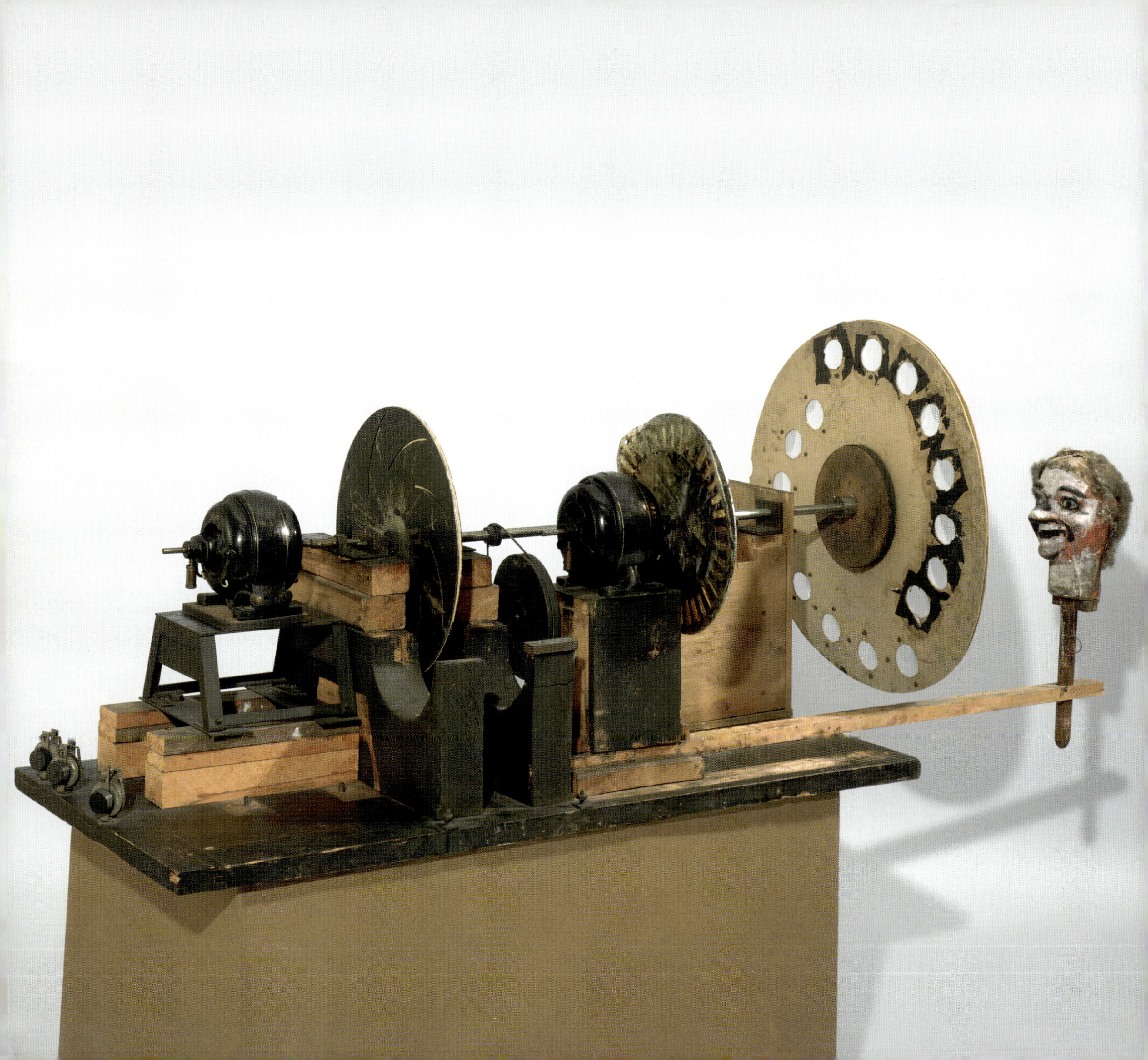

Die Nipkow-Scheibe

Was das Fernsehen mit dem Weihnachtsabend zu tun hat

„Der hier zu beschreibende Apparat hat den Zweck, ein am Orte A befindliches Objekt an einem beliebigen anderen Orte B sichtbar zu machen […]“

Aus der Patentschrift Paul Nipkows

Paul Nipkow entwickelte sein „elektrisches Teleskop“, um Bilder wie Telegramme von einem Ort zum anderen zu schicken. Dass der Berliner Student damit das Zeitalter des Fernsehens einläuten würde, hätte er wohl kaum für möglich gehalten.

Der „Vater des Fernsehens“

Paul Nipkow, 1860 als Sohn eines Bäckermeisters im pommerschen Lauenburg (heute Lębork) geboren, beschäftigte sich schon als Schüler gern mit praktischen Experimenten. 1882 begann er in Berlin an der Friedrich-Wilhelms-Universität ein Studium der Mathematik und besuchte parallel Vorlesungen bei Hermann von Helmholtz über Optik und bei Adolf Slaby über Elektrophysik an der Technischen Hochschule in Charlottenburg. Nach dem Tod des Vaters konnte er sein Studium nicht mehr finanzieren und verpflichtete sich als „Einjährig-Freiwilliger“.

Bereits während der Studienzeit hatte er eine Methode zur Bildzerlegung entwickelt. Er habe, so seine eigene spätere Darstellung, am Weihnachtsabend des Jahres 1883 ganz allein vor einer Petroleumlampe gesessen und an seine Familie gedacht, die er aus Geldmangel nicht habe besuchen können. Dabei sei ihm die Idee gekommen, mittels einer rotierenden gelochten Metallscheibe ein Bild in Punkte und Zeilen aufzuteilen, um es an einem anderen Ort wiedergeben zu können.

Lange vor Nipkows Geburt hatte es ähnliche Ideen zur Bildübertragung gegeben. So hatte etwa der schottische Erfinder Alexander Bain 1843 schon bei seiner Entwicklung des ersten Modells für ein Faxgerät – einen „Kopiertelegrafen“ – zur Übermittlung von Schwarzweißbildern auf die Notwendigkeit einer zeilenweisen Abtastung hingewiesen. Das Neue an Nipkows Idee war die Spirallochscheibe: eine Metallscheibe mit einer Reihe von eingestanzten Löchern, die in Form einer Spirale von innen nach außen verlaufen und in ihrer Zahl genau der Anzahl an Zeilen entsprechen, in die ein Bild zerlegt werden soll.

Ein einsam verbrachter Weihnachtsabend soll den jungen Paul Nipkow dazu bewogen haben, die Nipkow-Scheibe zu entwickeln.

Das Funktionsprinzip war folgendes: Positionierte man eine Lichtquelle hinter der rotierenden Scheibe, fielen Lichtstrahlen durch die Löcher auf die davor befindliche Bildvorlage, sodass

Der schottische Physiker John Logie Baird konstruierte in den 1920er-Jahren einen mechanischen Fernsehapparat unter Nutzung einer Nipkow-Scheibe. In der Apparatur Bairds dreht sich die Scheibe mit spiralförmiger Lochanordnung unmittelbar vor dem abzubildenden Gegenstand (hier ein Clowns-Kopf).

ein Lichtpunkt Zeile für Zeile über das Bild lief. Nach einer Umdrehung war die Vorlage einmal vollständig abgetastet. Eine Fotozelle fing anschließend die reflektierten Lichtstrahlen auf und gab bei hellem Licht einen starken, bei wenig Licht einen schwachen Stromimpuls ab. Diese Impulse wurden über ein Kabel zur Empfängerseite übertragen, wo sie die Leuchtkraft einer zweiten Lampe steuerten, während eine identische rotierende Scheibe die hellen und dunklen Lichtpunkte wieder an die richtigen Stellen auf einer Projektionsfläche verteilte. Die größte Herausforderung war dabei, beide Scheiben synchron drehen zu lassen. Bei bewegten Bildern rotierten sie mit einer Geschwindigkeit von mehreren Hundert Umdrehungen pro Minute.

Nipkows Studienfreundin und spätere Ehefrau Sophia Colonius beantragte am 6. Januar 1884 beim Patentamt in Berlin ein Reichspatent für sein „Elektrisches Teleskop zur elektrischen Wiedergabe leuchtender Objekte“. Am 15. Januar 1885 wurde es rückwirkend unter der Nummer 30105 erteilt. Um eine praktische Anwendung seiner Erfindung bemühte sich Nipkow allerdings nie, und dass sie einmal das mechanische Fernsehen ermöglichen würde, damit hätte er sicherlich nicht gerechnet. Nach seinem Militärdienst wurde er Konstruktionsingenieur bei der Firma „Zimmermann & Buchloh – Eisenbahnsignal-Bauanstalt“ in Borsigwalde bei Berlin. Sein Patent verfiel nach 15 Jahren.

Das erste Fernsehbild, das in Deutschland gesendet wurde: zwei junge Frauen, Zeile für Zeile abgetastet. 1929 strahlte die Deutsche Reichspost zum ersten Mal diese mit der Nipkow-Scheibe erzeugten 30-Zeilen-Bilder öffentlich aus.

Vom mechanischen zum elektronischen Fernsehgerät

Nach dem Ersten Weltkrieg interessierte man sich wieder verstärkt für die elektrische Übertragung von Bildern. Am 26. Januar 1926 gelang es dem schottischen Physiker John Logie Baird, mithilfe der Nipkow-Scheibe und Farbfiltern ein aus 30 Zeilen bestehendes Fernsehbild vor Mitgliedern der Royal Institution auszustrahlen, womit er das sogenannte mechanische Fernsehen einführte. Das veranlasste auch Nipkow, sich noch einmal auf diesem Gebiet zu betätigen. Er reichte ein Patent ein für eine „Einrichtung zur Erzielung des Synchronismus bei Apparaten zur elektrischen Bilderzeugung, dadurch gekennzeichnet, dass alle zusammenarbeitenden Sender und Empfänger an ein und dasselbe Wechselstromverteilungsnetz angeschlossen sind“.

Da die Nipkow-Scheibe mit wachsender Zeilenzahl immer größer und unhandlicher wurde, erwies sie sich für höhere Auflösungen jedoch zunehmend als unbrauchbar. Hatte Nipkow 1884 noch mit 24 Zeilen begonnen, sollten Ende der 1930er-Jahre mit 441 Zeilen die technischen Möglichkeiten der mechanischen Abtastung endgültig ausgereizt sein. Zu einem weiteren Meilenstein in der Entwicklung des Fernsehers wurde deshalb die Erfindung der Kathodenstrahlröhre durch Ferdinand Braun in Karlsruhe 1897. Die sogenannte Braunsche Röhre erlaubte es, mittels eines Elektronenstrahls Bildpunkte auf einer mit Leuchtstoff behandelten Glasscheibe zu erzeugen.

Wenige Jahrzehnte später arbeitete Manfred Baron von Ardenne in seinem Lichterfelder Forschungslabor für Elektronenphysik an der elektronischen Fernsehübertragung. 1931 führte er während der Funkausstellung in Berlin der

Öffentlichkeit das erste vollelektronische Fernsehen vor, mit dem er es nicht nur auf das Titelblatt der „New York Times“ schaffte, sondern auch den Grundstein für das moderne Fernsehen legte.

Die Mattscheibe erobert Deutschland

1934 wurde in Berlin-Witzleben der erste deutsche Fernsehsender gegründet, der bald zu Ehren Paul Nipkows dessen Namen erhielt. Am 22. März 1935 – einige Monate vor dem britischen Sender BBC – nahm der Sender den regelmäßigen Fernsehbetrieb auf. An zunächst drei Tagen in der Woche wurde ein 90-minütiges Abendprogramm ausgestrahlt, das nur über UKW im Großraum Berlin zu empfangen war. Reichssendeleiter Eugen Hadamovsky formulierte pathetisch das Ziel der deutschen Bemühungen: Der deutsche Rundfunk sei berufen, „die größte und heiligste Mission zu erfüllen: nun das Bild des Führers unverlöschlich in alle deutschen Herzen zu pflanzen“.

In der Anfangszeit gab es nur sehr wenige private Empfänger, da die Geräte mehrere Tausend Reichsmark kosteten. Rasch wurden daher öffentliche Fernsehstuben eingerichtet, die kostenlos besucht werden konnten. Die erste eröffnete am 9. April 1935 im Berliner Reichspostmuseum und bot mit zwei Bildschirmen Platz für 40 Personen. Anfangs drängten sich die Menschen um 18 mal 22 Zentimeter kleine, kontrastarme Bildschirme, bevor „Fernseh-Großbildstellen“ für jeweils rund 300 Besucher ihre Tore öffneten. Ein zwischengeschalteter Projektor sorgte hier für ein leinwandfüllendes Bild. 1936, als die Olympischen Sommerspiele in Berlin veranstaltet wurden, gab es deutschlandweit über 30 Empfangsstuben, die meisten davon in der Hauptstadt. Zu dieser Zeit war das Fernsehen bereits fester Bestandteil der NS-Propaganda. Erstmals wurden nun für acht Stunden am Tag auch Olympia-Wettkämpfe im Fernsehen übertragen – für das damalige Publikum ein Großereignis.

Drei Jahre später wurde auf der Funkausstellung in Berlin der deutsche Einheitsempfänger E1 präsentiert. Er sollte für jeden erschwinglich sein und in einer ersten Serie für den Berliner Raum produziert werden. Verhindert wurde dies durch den Ausbruch des Zweiten Weltkrieges, 1944 stellte man den Fernsehbetrieb sogar ganz ein. Erst 1952, sieben Jahre nach Kriegsende, sollten in Deutschland wieder Fernsehsendungen ausgestrahlt werden.

Ein Fernsehempfänger von 1936

Der Schnellseher

Von der Serienfotografie zu „lebenden Bildern“

„Wie standen ehedem die Sachen
So neckisch da in ihrem Raum,
Schwer war's, ein Bild davon zu machen,
Und selbst der Beste konnt' es kaum.
Jetzt ohne sich zu überhasten,
Stellt man die Guckmaschine fest
Und zieht die Bilder aus dem Kasten
Wie junge Spatzen aus dem Nest.“

Wilhelm Busch

Nicht zuletzt durch seine bemerkenswerten Momentaufnahmen von Störchen wurden Anschütz' fotografisches Talent und sein Erfindungsreichtum bekannt.

Zahlreichen Pionieren verdanken wir heute das Kino. Seine Grundlagen wurden mit der Entwicklung der Fotografie Anfang des 19. Jahrhunderts gelegt. Mit der Momentfotografie, der Chronofotografie und dem ersten von Ottomar Anschütz entwickelten Schnellseher bis hin zum Kinematografen der Brüder Lumière nahm das Kino seinen Siegeszug auf.

Anschütz, 1846 in Lissa (heute Leszno) in der preußischen Provinz Posen als Sohn des Porträt- und Dekorationsmalers Christopher Berthold Anschütz geboren, ging zwischen 1864 und 1868 bei den berühmten Fotografen Ferdinand Beyrich in Berlin, Franz Hanfstaengl in München und Ludwig Angerer in Wien in die Lehre und übernahm mit 22 Jahren das Geschäft des Vaters in Lissa, wo er sich zugleich ein Fotoatelier einrichtete. Seit Mitte der 1870er-Jahre experimentierte er in seinem Atelier in der Storchnesterstraße 105 mit der Momentfotografie.

Ein Pionier der Chronofotografie

Mit Unterstützung seines Nachbarn, des Orgelbauers Schneider, entwickelte Anschütz eine Handkamera mit einem neuartigen Schlitzverschluss vor der Belichtungsplatte. Dank dieser Innovation und neuer empfindlicher Trockenplatten gelang ihm eine phänomenal kurze Belichtungszeit von 1/1000 Sekunden. Porträtaufnahmen, die wegen der bis dahin immens langen Belichtungszeiten eine halbe Stunde dauern konnten, gehörten damit der Vergangenheit an. Mit der neuen Technik gelangen Anschütz Serienaufnahmen: Fotografische Aufnahmen ließen sich zu einer Reihe zusammenfügen, womit man erstmals Bewegungen foto-

24 Glas-Fotoplatten wurden am Rand der Scheibe des Schnellsehers angebracht und angestrahlt. Drehte man die Scheibe, gerieten die Bilder in „Bewegung“.

grafisch dokumentieren konnte (Chronofotografie). Zeitgleich hatten auch andere Pioniere wie Eadweard Muybridge in England, der mit den Bewegungsphasen eines galoppierenden Pferdes für Aufsehen sorgte, oder Étienne-Jules Marey in Frankreich ähnliche Verfahren entwickelt, die der Kinematografie den Weg ebneten.

Anschütz richtete sich ein von Pferden gezogenes Wohnmobil ein, in dem er auch ein Fotolabor unterbrachte. So begab er sich auf Reisen und fotografierte die Einweihung des Niederwalddenkmals 1883, das Kaisermanöver bei Homburg 1884 oder die Beisetzung Wilhelms I. in Berlin 1888. Zwei seiner Manöveraufnahmen wurden am 15. März 1884 als Pressefotos in der „Leipziger Illustrirten Zeitung" gedruckt. Seine Fotos anlässlich der Grundsteinlegung des Reichstagsgebäudes in Berlin am 9. Juni 1884 sind die einzige fotografische Überlieferung dieses Ereignisses.

Seine Momentbilder von Füchsen und Störchen erregten großes Aufsehen, da sie von einer bis dahin unvorstellbaren Schärfe waren. Auch die Flugversuche von Otto Lilienthal vom Fliegeberg in Lichterfelde 1894/95 hielt Anschütz mit seiner Kamera fest.

Die Geburt des Schnellsehers

Im Sommer des Jahres 1886 wurde Anschütz vom Preußischen Kriegsministerium beauftragt, „Chronophotographien von Reitern und Pferden des Militärischen Reitinstituts in Hannover aufzunehmen, um mit diesen die Entwicklung wissenschaftlicher Instruktionsmethoden für die Kavallerieschule zu ermöglichen". Anschütz verwendete 24 elektrisch miteinander verbundene Kameras für diese Bewegungsstudien.

Um solche Bildfolgen auf eine Wand projizieren zu können, entwickelte er 1886 den „elektrischen Schnellseher". Er bestand aus einer Scheibe mit einem Durchmesser von 1,5 Metern, in deren Rand 24 Fotoplatten im Format von 9 mal 13 Zentimetern eingesetzt waren, die von hinten beleuchtet wurden. Die Scheibe drehte man mithilfe einer Kurbel mit einer Geschwindigkeit von 30 Bildern pro Sekunde. Dem menschlichen Auge präsentierte sich die Bilderfolge als kontinuierliche Bewegung. 1887 stellte Anschütz seinen Schnellseher als „Elektrotachyscop" im Berliner Kultusministerium vor. Das „Photographische Wochenblatt" schrieb darüber:

> *„Anschütz' elektrischer ‚Schnellseher' ist der erste Apparat, der in einwandfreier Weise eine schöne Darstellung photographisch gewonnener lebender Bilder gab, wenn auch in kleinem Maßstab, so doch für einen kleinen Kreis von Beschauern gleichzeitig sichtbar."*

Kultusminister Goßler bewilligte einen Zuschuss zur weiteren Verbesserung des Apparates. Gemeinsam mit der Berliner Firma Siemens & Halske entwickelte Anschütz einen Schnellseher-Automaten. Durch Einwurf einer Münze drehte ein Elektromotor 20 Sekunden lang die Bilder-Scheibe. Der Apparat war *die* Sensation auf der Internationalen Elektrizitätsausstellung in Frankfurt am Main 1891. Auch auf der Chicagoer Weltausstellung 1893 waren die Besucher von dem Schnellseher begeistert. Siemens & Halske stellten Hunderte dieser Automaten her, die als „Electrical Wonder Automat" auch ins Ausland verkauft wurden. Bis 1893 wurden 140 Stück produziert.

Ottomar Anschütz um 1905

Ein offengelegtes Geheimnis

1888 zog Anschütz nach Berlin. In der Charlottenstraße 59 eröffnete er ein Studio für Fotografie, in dem er seine bewegten Bilder mit dem Schnellseher vorführte. Seine besondere Kameratechnik hatte er viele Jahre lang geheim halten können. Im November 1888 allerdings meldete er seine Handkamera mit Schlitzverschluss endlich zum Patent an. Die Berliner Optische Anstalt C. P. Goerz erwarb die Rechte für die Fabrikation. Das Unternehmen produzierte die „Goerz-Anschütz-Kamera“ noch bis 1927, die als erste Pressekamera der Welt Verwendung fand.

In Berlin besuchten Tausende die Vorstellungen seiner „Bilder in Bewegung“ im Reichstagsgebäude und im Ausstellungspark am Stadtbahnbogen. Im November 1894 gelang es Anschütz erstmals, im Hörsaal des Postgebäudes in der Artilleriestraße (heute Tucholskystraße) mit seinem Elektrotachyscop „lebende Photographie“ auf eine sechs mal acht Meter große Leinwand zu projizieren. An einer industriellen Umsetzung dieser Idee hatte Siemens & Halske jedoch kein Interesse. Ein Jahr später, 1895, führte Max Skladanowsky im Berliner Wintergarten Filme öffentlich vor. Damit begann eine neue Ära der bewegten Bilder. Die Zeit der „Schnellseher-Automaten“ war abgelaufen, ihre Produktion wurde eingestellt.

Ottomar Anschütz gründete im Februar 1885 einen eigenen Verlag, um seine umfangreichen Momentaufnahmen zu vermarkten, darunter Aufnahmen der Kaiserfamilie in der Sommerfrische auf Gut Cadinen oder Erinnerungsblätter der Palästinafahrt mit der Kaiserfamilie, aber auch Momentaufnahmen der Berliner Gewerbeausstellung 1896 oder der Marienburg als Burg der Deutschen Ordensritter.

Für seine Leistungen wurde Anschütz mit zahlreichen Medaillen und Ehrendiplomen geehrt. 1900 überreichte ihm der Kaiser persönlich die Königlich-Preußische Staatsmedaille in Gold. Im Vorjahr war ihm sogar der Osmanische Orden von Sultan Abdul Hamid verliehen worden. Anschütz war ein Pionier der Kinematografie, denn mit seinem Schnellseher war ihm erstmals die Verbindung zwischen der Chronofotografie und der Kinematografie gelungen. Émile Reynaud, der das Publikum in seinem Pariser Théâtre Optique ab 1892 mit der Projektion von bewegten Bildern unterhielt, benutzte noch handgemalte Filmstreifen und Glasbilder statt fotografischer Reproduktionstechnik. Anschütz' Erfindung stellt das Verbindungsglied zwischen dem 19. Jahrhundert als „Zeitalter der Fotografie“ und dem 20. Jahrhundert als „Zeitalter der Kinematografie“ dar.

Goerz-Anschütz-Klapp-Kamera, um 1903

„Bioscop"

Das Kino

Als die Bilder laufen lernten

„Kino ist ein Vorwand, sein eigenes Leben ein paar Stunden lang zu verlassen.“
Steven Spielberg

„Das Volk hat das Kinematographentheater mit dem drastischen Namen ‚Kintopp‘ belegt. Dadurch litt der Besuch der Theater, denn das bessere Publikum wollte nicht in einen ‚Kintopp‘ gehen. Erst nachdem man diesem […] den Namen ‚Lichtspiele‘ gegeben und vielfach für eine vornehmere Ausstattung gesorgt hatte, hob sich in unerwarteter Weise auch der Besuch durch das bessere und wohlhabende Publikum, und jetzt dürfte der Siegeszug der Photographie nach dieser Richtung hin wohl nicht mehr aufzuhalten sein“, schrieb das „Berliner Jahrbuch für Handel und Industrie“ 1910. Die erste Filmvorführung der Brüder Skladanowsky war zu dieser Zeit bereits Geschichte. Der Film hatte seine „Rummelplatzepoche“ als Schaustellerattraktion in Variet és überwunden, er war als „Film-Theater“ in eigens geschaffenen eleganten Kinosälen heimisch geworden.

Ein von Max Skladanowsky gemaltes Nebelbild. Auf dem Prinzip des Nebelbildprojektors beruhte später das von ihm gefertigte Bioskop.

Von Nebelbildern zur Kurbelkiste

Max Skladanowsky, 1863 in Pankow bei Berlin geboren, absolvierte ab 1877 eine Ausbildung als Fotograf, Glasmaler und Techniker für mechanische und optische Geräte. Arbeit fand er 1879 in der Theaterapparatefabrik von Willy Hagedorn, wo er sich um die „Nebelbilder“ kümmerte. Dabei handelt es sich um auf Glas gemalte Bilder, die nacheinander mithilfe von zwei Camerae Obscurae in Überblendtechnik an eine Leinwand projiziert wurden: Schloss sich die Linse der einen Camera, öffnete sich die Linse der anderen Camera, sodass der Zuschauer auf diese Weise den Eindruck erhielt, dass die Bilder nahtlos ineinander übergehen.

Noch im selben Jahr gründete Max Skladanowsky gemeinsam mit seinem Bruder Emil und seinem Vater Carl Theodor ein Familienunternehmen zur Produktion mechanisch bewegter Nebelbilder. Max war für den technischen Teil zuständig, bediente die Projektoren und stellte selbst Bilder zu populären Themen her. Am 18. November 1879 zeigten die Skladanowkys ihre Bilder im Großen Saal der „Berliner Flora“ in der Friedrichstraße 218, anschließend gingen sie auf eine Europa-Tournee. Um die Anziehungskraft der Vorführungen zu erhöhen, entwickelten sie beispielsweise ein elektrisch-mechanisch-pyrotechnisches Wasserschauspiel-Theater, mit dem sie im Februar 1893 im Orpheum in Frankfurt am Main gastierten.

Nebenbei beschäftigte sich Max Skladanowsky mit der Aufnahme fotografischer Bildsequenzen und baute 1894 die „Kurbelkiste I“, eine Filmkamera, mit der er seinen Bruder Emil auf den neuen Rollfilm der Firma Kodak bannte. Die auf Papierstreifen kopierten und hintereinander gelegten Bilder gerieten beim Durchblättern wie beim Daumenkino in „Bewegung“ – projizieren ließen sie sich noch nicht. Der Vision Skladanowskys von bewegten Bildern ist in einem Dialog zwischen Max und seiner Verlobten Pauline Marx in einem Hörspiel von Walter Püschel ein Denkmal gesetzt:

Max Skladanowsky präsentiert das von ihm konstruierte Bioskop, mit dem die Bilder „laufen lernten“.

„Wenn ich den Wachaufzug Unter den Linden zeige, genügt es mir nicht, wenn ich ihn einmal von vorne zeige, wie er von der Friedrichstraße anmarschiert und einmal bei der Wachablösung und einmal von hinten, wie er verschwindet, da möchte ich ihn marschieren sehen, die Linden entlang, und sehen, wie die Soldaten die Beine schmeißen und der Tambourmajor seinen Stock und die Schulkinder ihre Fähnchen schwenken.' Pauline erwiderte: ‚Maxe, Maxe, eines Tages werden deine Bilder laufen, bestimmt. Wie du so ausdauernd bist.'"

Die Projektion gelingt!

Im Juli 1895 war es so weit – die Projektion bewegter Bilder gelang. Max Skladanowsky überraschte das Publikum damit im Pankower Lokal „Feldschlösschen" in der Berliner Straße 27. Für den ersten Film hatte er Szenen im Garten des Lokals mit der „Kurbelkiste" aufgenommen, die mithilfe des von ihm und seinem Bruder Emil entwickelten „Bioskops" an die Wand projiziert wurden.

Das zugrunde liegende technische Verfahren war aufwendig. Zuerst wurden auf einem etwa 1,5 Meter langen Rollfilm bis zu 48 Einzelbilder aufgenommen. Der Bildabstand war jedoch ungleichmäßig. Skladanowsky schnitt die Negative deshalb auseinander und ordnete sie in zwei Schleifen neu an: Die Bilder 1, 3, 5 usw. ergaben eine Reihe, die Bilder 2, 4, 6 usw. eine zweite Reihe. Anschließend wurden beide Reihen auf Positiv-Folien kopiert, die in 54 Millimeter breite Streifen zerschnitten und zu Filmbändern zusammengeheftet und gelocht wurden. Die zwei Schleifen liefen schließlich durch den Doppelprojektor, das Bioskop, das auf dem Prinzip des Nebelbildprojektors beruhte: Beide Filmschleifen wurden gleichzeitig abgespielt, abwechselndes Auf- und Abblenden setzte die Bilder in die richtige Reihenfolge. Damit erreichte Skladanowsky trotz der niedrigen Geschwindigkeit von sechs bis acht Bildern pro Sekunde und Schleife eine fließende Bewegung.

Für die „Vorrichtung zum intermittierenden Vorwärtsbewegen des Bildbandes für photographische Serien" erteilte ihm am 1. November 1895 das Kaiserliche Patentamt ein Patent. Am gleichen Tag führte Skladanowsky acht kurze Filmszenen – Abfilmungen von Varieté-Nummern – öffentlich gegen eine Gage von 2500 Mark im Wintergarten des Berliner Hotels „Central" als Schlussnummer im Rahmen des Varietéprogramms vor. Das Bioskop wurde als „interessanteste Erfindung der Neuzeit" angekündigt. „Mein über alles geliebtes, hoch verehrtes Berliner Publikum! Bewegliche Bilder in Lebensgröße

Die ersten Bilder, die Max mit seiner Kurbelkiste anfertigte, zeigen seinen Bruder Emil bei Turnübungen auf dem Dach des Hauses in der Schönhauser Allee 146.

habe ich Ihnen versprochen, eine Weltsensation. Und ich frage Sie: Haben Sie eine Weltsensation bekommen?", soll der Varieté-Direktor nach der Vorstellung die 1500 Besucher gefragt haben, und die „Staatsbürger Zeitung" schrieb am 5. November 1895:

„Das Finale der Vorstellung springt auf die kleinere Bühne des Bioscop über. Der ingeniöse Techniker benutzt hier ergötzliche Momentphotographie und bringt sie in vergrößerter Form zur Darstellung, aber nicht starr, sondern lebendig. Wie er das macht, soll der Teufel wissen."

Vier Wochen lang zeigte Max Skladanowsky vor ausverkauftem Haus sein 15-minütiges Programm. „Das boxende Känguruh" gehörte zu den Lieblingssequenzen des Publikums. Anschließend reisten die Brüder Skladanowsky durch Europa und kamen Ende Dezember nach Paris, um in den berühmten Folies Bergère aufzutreten. Doch die Veranstaltung wurde unter Berufung auf „Patentschwierigkeiten" kurzfristig abgesagt. Nur wenige Tage zuvor hatten die Brüder Lumière ihren Cinématographen vorgeführt, der dem Bioskop technisch überlegen war. 1896 folgten weitere Gastspiele in Deutschland und im Ausland, nun mit einer neuen Kamera und einem verbesserten Projektor. 1896 produzierten die Brüder neue

Das Bioskop von Max Skladanowsky: Gut erkennbar ist der Projektor mit der umlaufenden Abdeckblende.

Filme, darunter „Komische Begegnungen im Thiergarten zu Stockholm" oder „Ankunft eines Eisenbahnzuges", sowie Szenen aus dem Berliner Stadtleben.

Abschied vom bewegten Bild

Doch die Zeit war nicht stehen geblieben. Um sich auf dem Markt zu etablieren, fehlte den Skladanowskys nicht nur das nötige Geld, sondern wohl auch kaufmännische Geschicklichkeit. Schon eineinhalb Jahre nach dem Wintergarten-Engagement stiegen sie aus dem „Geschäft der bewegten Bilder" aus. Im Wintergarten flimmerte künftig die „Wochenschau" des Berliner Mechanikers Oskar Messter als letzte Nummer des Varietéprogramms über die Leinwand. 1897 wurde das Bioskop zum letzten Mal in Stettin vorgeführt. Die Brüder trennten sich. Emil zog mit dem Wasserschauspiel-Theater weiter. Max gründete in den folgenden Jahren verschiedene Firmen, unter anderem zum Vertrieb von Daumenkinos und dreidimensionalen plastischen Bildern.

Mit seinem Bruder geriet Max in Streit um die Urheberschaft des Bioskops, der erst 1930 zugunsten von Max entschieden wurde. Noch 1934 schrieb er auf einer Postkarte aus Bayreuth: „Was Wagner für die Musik war, bin ich für den Film! Von seinem und meinem Werk leben heute Hunderttausende!" Da war das „Theater der lebenden Fotografien" längst dem großen Film der Ufa-Zeit gewichen. Max Skladanowsky starb am 30. November 1939. Die Erfindung der Brüder Lumière war ausgefeilter, weshalb diese als Erfinder des Kinos in die Filmgeschichte eingegangen sind. Doch die Skladanowskys hatten ihre bewegten Bilder einen Monat vor den Brüdern Lumière öffentlich auf die Leinwand geworfen, auch wenn das Bioskop schon vor der Jahrhundertwende wieder von der Bildfläche verschwand.

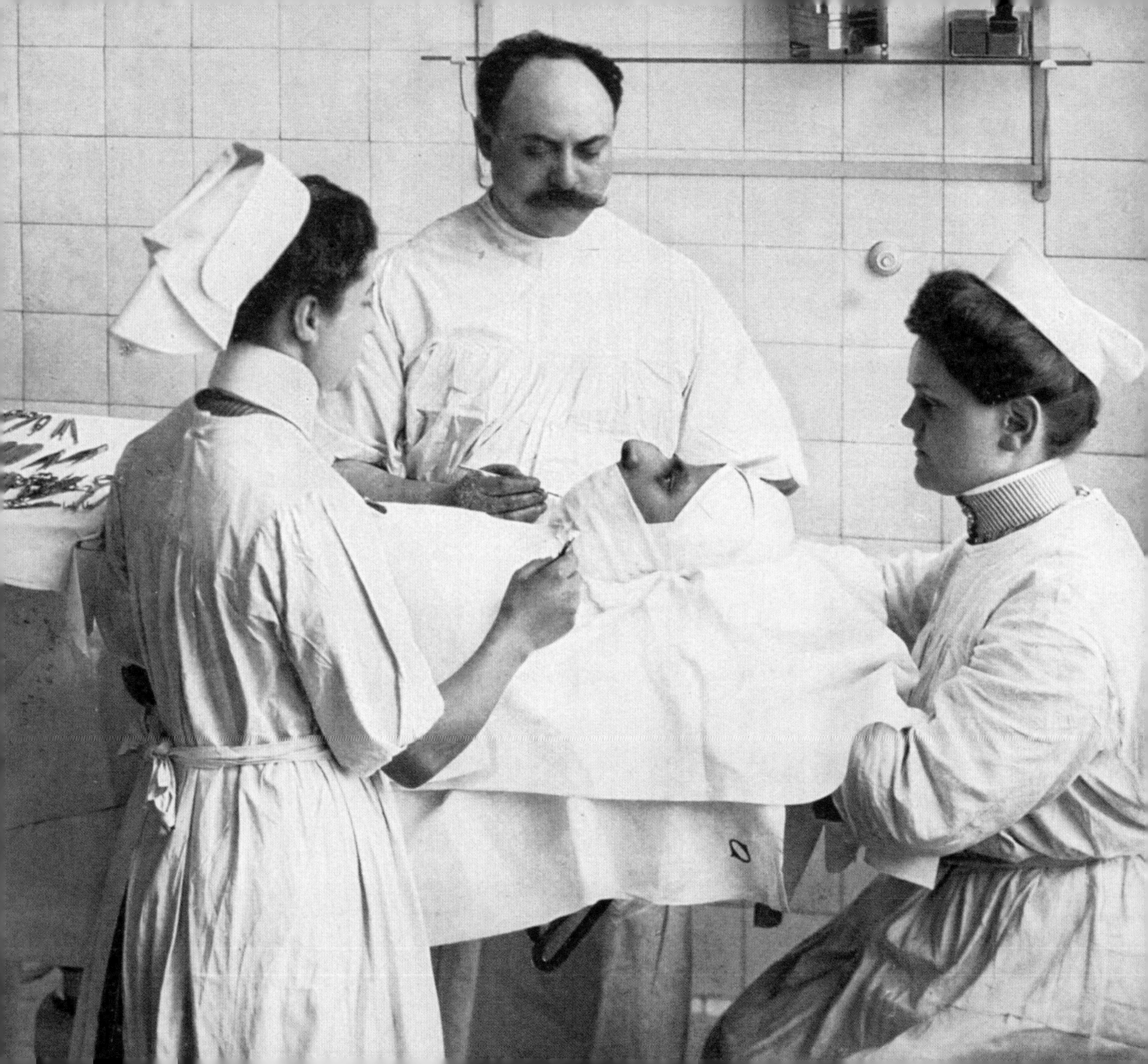

Die Rhinoplastik

Der „Nasen-Joseph“ und die Nasenchirurgie

„Der Herr Professor muss zuerst wissen, wie reich einer ist, danach lässt er sich die Operation bezahlen […] und er muss die Wesensart kennen, denn danach stellt er die Nase her. ‚Wünschen Sie eine kecke Nase oder eine intelligente, eine kokette oder eine energische?' Jeder kann sich bestellen, welche Nase er haben will. Der Herr Professor reicht ihm ein Album mit Hunderten von Photographien ehemaliger Patienten, vor der Operation und danach. Sie blättern im Album und wählen ein Näschen, das Sie haben wollen. ‚Gut', sagt der Herr Professor und packt Sie an der Nase. Er verdreht sie mit der Hand und den Fingern und zeigt Ihnen, wie Sie später aussehen werden. ‚Kommen Sie morgen früh um zehn in meine Privatklinik, Bülowstraße 22.'“

Egon Erwin Kisch
über das „Haus zu den veränderten Nasen“

Er gilt nicht nur als Pionier der Nasenoperation, sondern er gehört zu den namhaftesten plastischen Chirurgen des 20. Jahrhunderts: Jacques Joseph, von den Berlinern liebevoll „Nasen-Joseph“ genannt.

Jacques Joseph mit OP-Schwestern und einem Patienten zu Beginn einer Nasenoperation

Der am 6. September 1865 in Königsberg als Sohn eines Rabbiners geborene Jakob studierte 1885 bis 1889 an der Berliner Friedrich-Wilhelms-Universität Medizin und promovierte bereits im Jahr nach seinem Studienabschluss in Leipzig. Nach seiner Approbation ließ er sich 1892 als praktischer Arzt in Berlin-Mitte nieder. Um sich weiter zu spezialisieren, wechselte Joseph an die Berliner Universitätspoliklinik für orthopädische Chirurgie, die Professor Julius Wolff leitete, ein international anerkannter Chirurg und Begründer der modernen Orthopädie. Josephs Arbeit in der Klinik fand große Beachtung und zu Wolffs Freude zeigte er auch Interesse an einer wissenschaftlichen Laufbahn. Die Begeisterung Wolffs für Joseph endete jedoch abrupt, als Joseph der Bitte einer Mutter mit ihrem zehnjährigen Sohn Folge leistete und die „Eselsohren“ des Jungen verkleinerte und anlegte – eine medizinisch nicht notwendige Operation, die jedoch dem Kind ein Leben ohne Hänseleien und Leidensdruck ermöglichte. Schwerer noch wog der Vorwurf, dass Joseph die OP ohne die Erlaubnis und das Einverständnis von Wolff durchgeführt hatte. Joseph wurde 1896 entlassen und ging erst einmal in seine Berliner Praxis für Allgemeinmedizin zurück. Doch sein Ruf eilte ihm voraus.

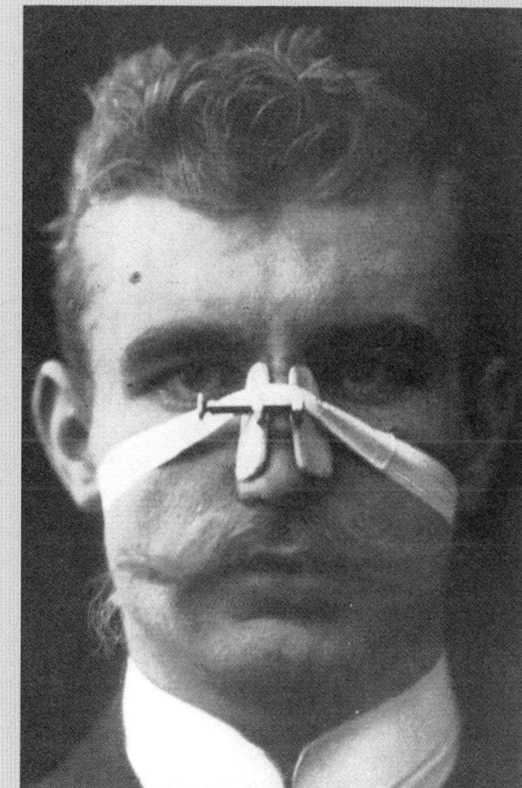

Damit in ihrer Stellung korrigierte Nasen nicht wieder in die alte schiefe Position rückten, trug Joseph seinen Patienten auf, täglich abends eine Nasenklammer anzulegen.

Eine Nase wird gerichtet

Josephs Praxis betrat 1898 ein 28-jähriger Gutsbesitzer, der von der erfolgreichen Ohrenkorrektur bei dem kleinen Jungen gehört hatte und selbst sehr unter seinem übergroßen Riechorgan litt:

> *„Wo er gehe und stehe, starre ihn alles an, und oft genug sei er die Zielscheibe des ausgesprochenen, wie unausgesprochenen, durch Zeichen angedeuteten, Spottes gewesen. Er sei in Folge dessen fast schwermüthig geworden, habe sich aus dem gesellschaftlichen Leben fast ganz zurückgezogen und hege nunmehr den dringenden Wunsch, von seiner Verunstaltung befreit zu werden."*

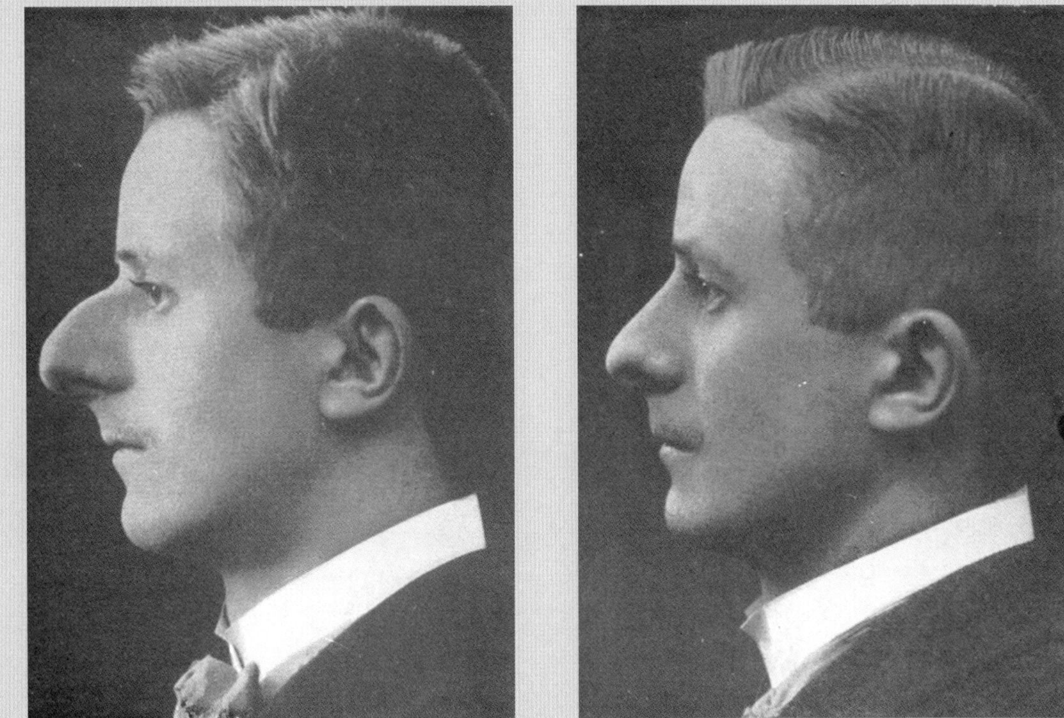

Vorher-Nachher-Vergleich in einem Lehrbuch von Jacques Joseph: links ein junger Mann mit stark prominenter, gekrümmter Nase mit Knorpelhöcker, rechts derselbe junge Mann nach der intranasalen Korrektur

Für Joseph war eine solche Nasenkorrektur – wie zuvor die Korrektur der Ohren – Neuland. Erstmals in seinem Arbeitsleben verkleinerte er ein Riechorgan – mit außerordentlichem Erfolg: Der Gutsbesitzer konnte sich in der Gesellschaft wieder blicken lassen. Auch das war eine „kosmetische" Operation ohne medizinische Indikation, die aber einen enormen sozialen Leidensdruck beendete. Diese Art der Schönheitsoperation war radikal neu.

Joseph hatte für diese und weitere Nasenoperationen zunächst die offene Technik gewählt. 1904 gelang es ihm erstmals, in einem selbst entwickelten Verfahren alle Schnitte im Naseninneren vorzunehmen, wodurch äußere Narben verhindert wurden. Im selben Jahr berichtete Joseph der Fachwelt über die „simultane intranasale Korrektur einer Höckernase mit Korrektur des vorderen Septums". Diese Operationsmethode baute Joseph in der Folgezeit systematisch aus. 1906 konnte Joseph bei einem Kongress bereits auf über 210 erfolgreiche Eingriffe verweisen. Von ihm eigens entwickelte Instrumente werden zum Teil noch heute hergestellt und in der Rhinoplastik verwendet.

Gesichtschirurgie im Ersten Weltkrieg

Als der Erste Weltkrieg ausbrach, hatte sich Jacques Joseph nicht nur bei seinen Chirurgen-Kollegen, sondern auch in der Bevölkerung den Ruf als prominentester deutscher Gesichtschirurg erworben. In den Kriegsjahren operierte Joseph, nun Stabsarzt der Reserve, Soldaten, die schwerste Gesichtsverletzungen davongetragen hatten. Die Männer waren zum Teil fürchterlich entstellt. Hier stand die Wiederherstellungschirurgie vor immensen Herausforderungen. Joseph wirkte außerordentlich erfolgreich, allerdings überstieg die Anzahl von Patienten mit Gesichtsverletzungen bald die Kapazität seiner Praxis.

Kaiser Wilhelm II. bot dem nicht habilitierten Joseph als dem „besten Gesichtschirurgen der Welt" 1915 eine Professur für plastische Chirurgie an der Berliner Charité an. Joseph hätte jedoch zum Christentum übertreten müssen, was er ablehnte. Als im Juni 1916, aufgrund der zahlreichen Kriegsverletzten, an der Ohren- und Nasenklinik der Charité die neue Abteilung für plastische Gesichtschirurgie eröffnet wurde, beauftragte das Kultusministerium den „Nasen-Joseph“ mit der Leitung. Eine Vergütung erhielt er dafür nicht, aber er konnte sich wissenschaftlich etablieren und wurde 1919 trotz seines Judentums zum Professor ernannt. Im selben Jahr wurde er für seine Verdienste in der Wiederherstellungschirurgie während des Krieges mit dem Eisernen Kreuz ausgezeichnet.

Schönheit in der Weimarer Republik

Nach 1922 wurde die Abteilung für plastische Chirurgie von der Heeresleitung nicht mehr finanziert. Joseph eröffnete wieder eine eigene Praxis in Berlin und operierte weiter. Nasen- und „Hängewangen“-Plastiken wurden sein Spezialgebiet. Hospitanten, die in den 1920er-Jahren bei Joseph studierten, verbreiteten die von ihm entwickelten Methoden der Nasen- und Gesichtschirurgie, die sorgfältige Vorbereitung des Eingriffs und die neuartigen, teilweise selbst entwickelten Instrumente bis nach Amerika. Wohlhabende reisten von weit her, um sich beim „Nasen-Joseph“ operieren zu lassen. Glaubt man den Angaben der „Kosmetologischen Rundschau“, lagen die Preise für eine Nasenkorrektur 1937 zwischen 150 und 450 Reichsmark, Ohren kosteten zwischen 100 und 300 Reichsmark, eine Faltenstraffung im Gesicht war für 200 bis 400 Reichsmark zu haben. Hinzu kamen die Kosten für den stationären Aufenthalt zwischen sechs und zehn Reichsmark pro Tag oder Nacht. Zum Vergleich: Das Maximalgehalt einer Angestellten lag bei 100 Reichsmark im Monat. Josephs Honorare lagen eher im oberen Bereich, allerdings soll er Folgeoperationen bei den Patienten der Charité kostenlos durchgeführt haben.

Joseph war nicht nur ein begabter Operateur, er war auch von einem klassischen Schönheitsideal fasziniert. Seine Arbeit als Gutachter wendete sich gegen schon damals existierende schwarze Schafe in der entstehenden Branche der Schönheitschirurgie. Seine Berufung als Arzt sah er vor allem darin, unglücklichen entstellten Patienten zu helfen. Nicht nur die von ihm operierten Kriegsverletzten erinnerten sich zeitlebens in Dankbarkeit an ihn.

Als die Nationalsozialisten 1933 in Deutschland die Macht übernahmen, folgte der großen Anerkennung, die Joseph in seiner ärztlichen Tätigkeit bis dahin erfahren hatte, tiefste Missachtung. Im Auftrag der Gestapo wurde er bespitzelt, erst nach einem „Sondergenehmigungsverfahren“ durfte er noch plastische Eingriffe durchführen. Die Entscheidung, das Land zu verlassen, blieb ihm erspart: Joseph verstarb am 12. Februar 1934 in Wilmersdorf an einem Herzinfarkt. Nachrufe erschienen nur im Ausland, mit einer Ausnahme: Die „Kosmetologische Rundschau“ würdigte die Leistung Josephs, die beigetragen habe, dass „der Unterstützte nicht nur vegetieren, sondern auch ein bisschen Freude haben konnte“.

Jacques Joseph beschäftigte sich auch mit der Norm dessen, was als schön gilt. Die Skizzen aus seinem Lehrbuch zeigen verschiedene Nasen-Profilwinkel: Bild Nummer 1 zeigt den idealen Winkel von 30°, Nummer 2 zeigt das Maximum des als schön geltenden Winkels, bei Nummer 3 ist dieses Maximum bereits überschritten. Nummer 4 zeigt das Minimum des normalen ästhetischen Winkels, Nummer 5 das unterschrittene Minimum.

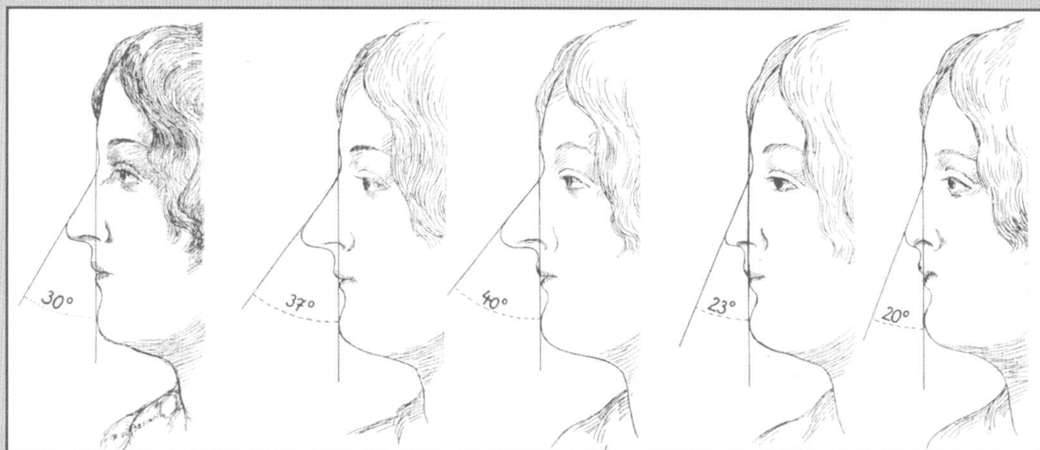

Die Blindenschreibmaschine

Ein Stück mehr Lebensqualität

„Tretet näher! Laßt euch nieder,
bis ihr ahnt, was Blindheit ist.
Senkt den Kopf, und senkt die Lider,
bis ihr, was euch fremd war, wißt.
Und nun geht! Ihr habt ja Eile!
Tut, als wäre nichts geschehn.
Aber merkt euch diese Zeile:
Wer nichts sieht, wird nicht gesehn.“

Erich Kästner, „Der Blinde“

Es besteht noch nicht lange die Auffassung, dass auch blinde Menschen in den Genuss von Bildung kommen sollten. Noch bis in das 18. Jahrhundert hinein war man der Meinung, dass deren Bildung unmöglich und unnötig sei.

Erst am Vorabend der Französischen Revolution entschloss sich die französische Königliche Akademie der Wissenschaften, die Bildungsfähigkeit blinder Menschen anzuerkennen und den Schulunterricht für blinde Kinder zu empfehlen. 1784 gründete der Sprachwissenschaftler Valentin Haüy in Paris mit der „Institution Royale des Jeunes Aveugles“ die weltweit erste Blindenschule. Preußen zog 1806 nach, als König Friedrich Wilhelm III. Johann August Zeune mit der Gründung der ersten Blindenschule in Berlin beauftragte. Damit begann die systematische Bildung für blinde Kinder und Jugendliche in Preußen.

Seit dem 18. Jahrhundert bemühte man sich zudem, tastbare Schriften zu entwickeln. Diese Reliefschriften, die sich aus der Schrift der Sehenden ableiteten, waren für Blinde jedoch nur schwer zu ertasten. Louis Braille sollte langfristig Abhilfe schaffen.

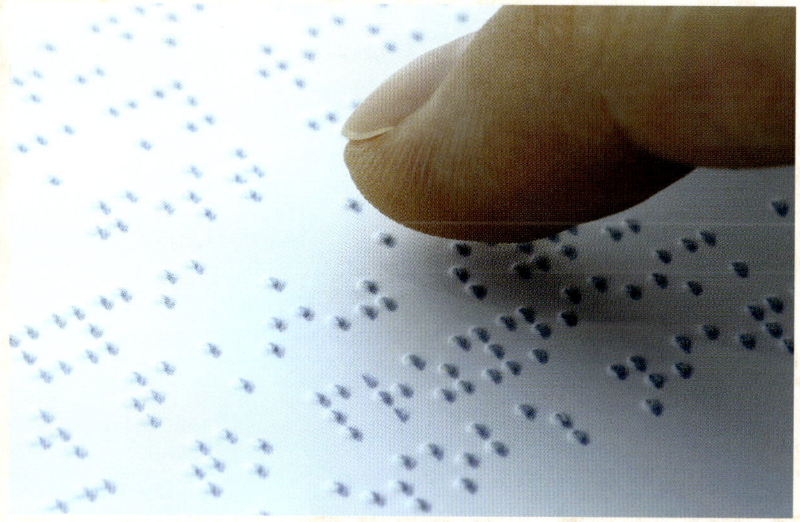

Das Braille-Punktsystem lieferte die Voraussetzungen dafür, dass Blinde Zugang zu Bildung erhielten.

Auf den Punkt gekommen

Louis Braille, am 4. Januar 1809 in Coupvray bei Paris geboren, hatte im Alter von drei Jahren infolge einer Verletzung und einer darauffolgenden Infektion sein Augenlicht verloren. Der wiss- und lernbegierige Junge konnte ab 1819 die von Haüy gegründete Pariser Blindenschule besuchen.

1825, im Alter von 16 Jahren, entwickelte er eine Blindenschrift, die auf einer von Charles Barbier erfundenen militärischen Geheimschrift, der sogenannten Nachtschrift, basierte. Mithilfe dieser Schrift sollten militärische Befehle lautlos und auch in Dunkelheit übermittelt werden können. Mit ihren zwölf Punkten war sie jedoch zu kompliziert für den alltäglichen

Eine blinde Frau arbeitet mit einem Stenografie-Streifenschreiber der Marke Picht von 1909.

Gebrauch. Braille reduzierte die Anzahl der Punkte auf sechs, mit denen sich in 64 verschiedenen Kombinationen das Alphabet darstellen lässt: Jeder Buchstabe entspricht einem speziellen Punktmuster mit einem bis sechs Punkten. Das Punktmuster wird in Papier gedrückt, kann mit den Fingerspitzen ertastet und nach einiger Übung gut gelesen werden.

An der „Institution des Jeunes Aveugles" wurde die Schrift versuchsweise für den Unterricht eingeführt und Braille als Blindenlehrer angestellt. 1837 erschien sein erstes Lehrbuch. Es war zugleich das erste gedruckte Buch in Blindenpunktschrift. Dennoch vergingen nochmals 40 Jahre, bis sich die Braille-Schrift in Europa gegen den Widerstand sehender Blindenpädagogen durchsetzen konnte. In Deutschland brachten die Blindenlehrer-Kongresse in Dresden (1876) und in Berlin (1879) die Wende.

Dank der Braille-Schrift war blinden Menschen das Tor zur umfassenden Bildung aufgestoßen. Allerdings gestaltete es sich als mühsam, selbst ein Dokument in Braille-Schrift zu verfassen. Die Punktschrift musste mithilfe einer Schablone und eines Griffels spiegelverkehrt in das Blatt gedrückt werden. Mit Schablone und Griffel zu schreiben ist auch heute noch üblich – so wie Notizblock und Stift nicht von der Schreibmaschine abgelöst wurden –, allerdings stellte die Entwicklung der Punktschriftmaschine durch Oskar Picht eine nicht zu unterschätzende Arbeitserleichterung dar. Briefe in Braille-Schrift zu verfassen ging damit um einiges schneller.

Schreibmaschinen für Blinde

Der am 27. Mai 1871 in Pasewalk geborene Oskar Picht, Sohn des Bäckermeisters Wilhelm Picht und seiner Frau Hermine, war selbst sehbehindert. Er besuchte die Stadtschule und die Höhere Knabenschule und wurde von 1886 bis 1891 am Lehrerseminar Pölitz ausgebildet. Anschließend arbeitete er drei Jahre lang als Lehrer in Marienthal und in Bahn (Kreis Greifenhagen). Erst danach entschied er sich, Blindenlehrer zu werden. Er besuchte von 1897 bis 1899 die Staatliche Blindenanstalt in Berlin-Steglitz. Hier erhielt er anschließend eine Anstellung und erkannte, wie schwer es seinen Schülern fiel, die Braille-Schrift zu schreiben.

Picht kombinierte die technischen Elemente einer Schreibmaschine mit der von Braille erfundenen Schrift und entwickelte 1899 die erste brauchbare deutsche Punktschrift-Bogenmaschine. Als Beschreibstoff

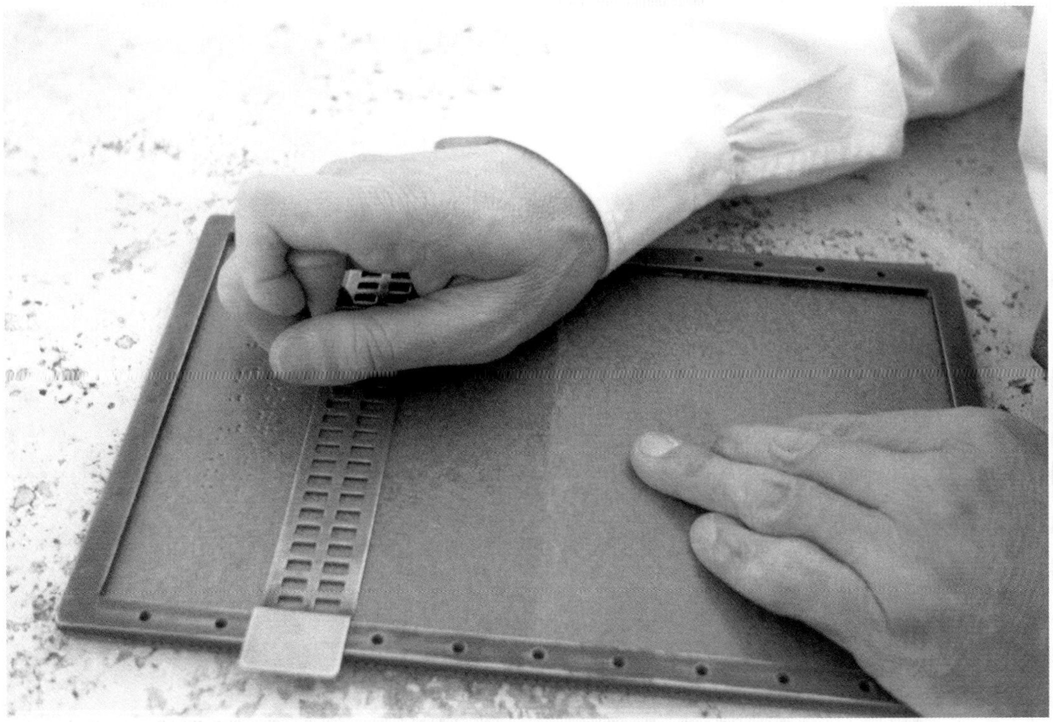

Spiegelverkehrt wird die Braille-Punktschrift mithilfe einer Tafel in das Papier gedrückt.

Picht entwickelte 1899 die Punktschrift-Bogenmaschine, die bald Standard in Deutschland wurde. Jede der sechs hinten liegenden Tasten entspricht einem Punkt im Braille-Punktsystem. Die vordere Taste ist die Leertaste.

dienten Papierbögen, die der Maschine den Namen gaben. Sie wies sieben Tasten auf: sechs Tasten für je einen der sechs Braille-Punkte und eine Leertaste. Für das Punktmuster eines Buchstaben musste man die entsprechenden Tasten gleichzeitig drücken. Dank der Maschine konnte man Geschriebenes sofort lesen bzw. ertasten, ohne das Papier umdrehen zu müssen. 1901 wurde Pichts Erfindung patentiert. Schon dieses erste Modell war zuverlässiger und brauchbarer als der in den USA entwickelte „Braille-Writer".

In den darauffolgenden Jahren entwickelte er seine Erfindung unablässig weiter und meldete bis zum Jahr 1932 noch weitere neun Gebrauchsmuster an, darunter 1909 den „Streifenschreiber", die erste deutsche Stenografie-Schreibmaschine mit Papierrollen. Bis 1932 wurden 2000 Punktschrift-Schreibmaschinen verkauft.

Um 1912 übernahm Picht die Leitung der Provinzial-Blindenanstalt in Bromberg. 1920 kehrte er an die Blindenanstalt in Berlin-Steglitz zurück, die er bis 1933 leitete. Auf seine Initiative wurde auch der erste Blindenfilm „Unsere Blinden und ihre Welt" gedreht. Picht starb 1945 im Blindenheim Potsdam-Rehbrücke, wohin er sich nach seiner Versetzung in den Ruhestand zurückgezogen hatte.

Braille digital

Seit 1970 hat die Braille-Schrift Einzug in die Computertechnik gehalten. Dazu wurde die Braille-Schrift um zwei weitere Punkte ergänzt (Computer-Braille), wodurch statt 64 nun 256 Punktekombinationen zur Verfügung standen – analog zum 8-Bit-Code eines Computers. Unter der Euro-Braille versteht man die Zuordnung von Zeichensätzen westeuropäischer Sprachen zu den 256 möglichen Punktekombinationen der Computer-Braille. Braille-Zeichen können über eine Braille-Tastatur oder über eine normale Computertastatur eingegeben werden. Mithilfe einer sogenannten Braille-Zeile, in der kleine Stifte abwechselnd in die Höhe ragen, können Inhalte „gelesen" werden: Zeilenweise wird der Bildschirm abgescannt und auf die Braille-Zeile übertragen. Dies erlaubt den rund 165 000 blinden und sehbehinderten Menschen in Deutschland, mit dem Computer zu arbeiten. Braille und Picht haben dafür die Grundlagen gelegt.

Die der normalen Tastatur vorgelagerte Braille-Zeile erlaubt es blinden Menschen, Textinhalte am Computer zu ertasten, indem kleine weiße Stifte entsprechend der Acht-Punkt-Braille (Computer-Braille) emporragen.

Original
Thermos

Die Thermoskanne

„Hält kalt und heiß – ohne Feuer und Eis“

„Ich nahm eine Reihe der von mir hergestellten kleinen kugelförmigen Gefäße und füllte sie mit heißem Kaffee, Tee, Milch und dergleichen. Noch nach 24 Stunden waren die Getränke so gebrauchsfertig, als wären sie eben erst hergerichtet worden. Nachdem diese Versuche zu meiner Zufriedenheit ausgefallen waren, ging ich daran, die Form der Gefäße so zu ändern, dass sie für den täglichen Gebrauch zu verwenden waren.“

Reinhold Burger in einem Rundfunkinterview 1941

Die Erfindung der Thermoskanne durch Reinhold Burger war eigentlich ein Zufall. Der Münchner Fabrikant Carl von Linde hatte den Glastechniker beauftragt, einen wirklich gut isolierenden Behälter zu bauen. Von Linde stammt das Verfahren, Luft durch Komprimierung und Abkühlung zu verflüssigen. Diese verflüssigte Luft mit einer Temperatur von -194,5 °C sollte in dem zu konstruierenden Behälter aufbewahrt und transportiert werden. Den Auftrag erfüllte Burger zu Lindes Zufriedenheit – und entwickelte nebenbei die sehr nützliche Kanne, die Getränke „ohne Feuer und Eis“ warm oder kalt halten konnte.

Dewars doppelwandige Vakuumflasche

Reinhold Burger wurde am 12. Januar 1866 im brandenburgischen Glashütte als Sohn eines Glasfabrikarbeiters geboren. Burger trat in die Fußstapfen seines Vaters, absolvierte eine Lehre als Glastechniker bei der Berliner Firma C. A. F. Geissler & Sohn und arbeitete kurz darauf in derselben Funktion bei Siemens & Halske. Mit einem Freund und Arbeitskollegen wanderte Burger anschließend in die USA aus, um seine Kenntnisse in Physik und Fertigungstechnik zu vertiefen. Burger überlegte sogar, sich in Philadelphia niederzulassen, um mit einem Partner eine Thermometerfabrik aufzubauen. Er entschied sich anders, kehrte nach Berlin zurück und gründete 1894 zunächst am Oranienburger Tor, kurz darauf dann in der Chausseestraße die erste Glasinstrumentenfabrik Berlins zur Produktion von Laborgeräten und Glasapparaturen, insbesondere von Thermometern und gläsernen Vakuumanlagen. Burgers Firma

Bereits 1896 experimentierte Burger mit doppelwandigen Gefäßen zum Aufbewahren verflüssigter Luft. Eine der ersten Thermoskannen Burgers um 1896/97

Zum 100. Jubiläum der Thermoskanne richtete das Museumsdorf Glashütte eine Ausstellung zur praktischen Flasche ein. Aus Glashütte stammt der Erfinder des alltagstauglichen Isoliergefäßes, Reinhold Burger.

war auch das erste Unternehmen, das ab 1896 Röntgenröhren in Zusammenarbeit mit Mitarbeitern von Wilhelm Conrad Röntgen produzierte.

Um den Auftrag Lindes zu erfüllen, knüpfte Burger an Entdeckungen des britischen Physikers und Chemikers James Dewar an, der sich mit Tieftemperaturchemie und Gasverflüssigung beschäftigt und 1893 das sogenannte Dewar-Gefäß entwickelt hatte. Dabei handelte es sich um ein Glasgefäß mit doppelter Wand. Zwischen beiden Wänden befand sich ein Vakuum als Isolierschicht. Um zusätzlich jegliche Wärmeleitung zu vermeiden, waren die inneren Flächen zur Gänze versilbert oder verkupfert. Bereits 1874 hatte Dewar ein doppelwandiges, evakuiertes Metallgefäß für seine Experimente genutzt. Für den Alltag konnte man diese Laborgefäße nicht gebrauchen, das Funktionsprinzip für Isolierbehälter aber war geboren.

Warum nicht mit Kaffee?

Burger baute für Linde ein solches Dewar-Gefäß, das für den Transport in ein stabiles, mit Filz ummanteltes Metalldrahtgehäuse gesetzt wurde. Der Gedanke, dass sich der hochspezialisierte Laborbehälter auch im Alltag nutzen ließ, kam Burger nebenbei: Was bei verflüssigten Gasen funktionierte, würde sicher auch bei Kaffee oder Wasser gelingen. Burger testete das Gefäß mit heißem Wasser und stellte fest, dass warme Flüssigkeiten über Stunden hinweg ihre Temperatur hielten. In einem 1941 gegebenen Interview sagte er rückblickend:

Reinhold Burger anlässlich seines 75. Geburtstages 1941

„Die Erfindung der Luftverflüssigung gab mir Gelegenheit, diese Isolierflasche weiterhin zu verbessern, die die Aufgabe hatte, die Licht- und Wärmestrahlung auf ein Mindestmaß zurückzuführen. Da diese und jene Flasche nicht den Anforderungen genügten, so prüfte ich in Ermangelung von flüssiger Luft die Brauchbarkeit der Gefäße mit heißem Wasser. Dabei kam mir der Gedanke, dass man stattdessen auch Getränke verwenden könnte."

Bis zu einer unter den harten Bedingungen des Alltags nutzbaren stoßfesten „Thermos"-Kanne war es jedoch ein weiter Weg.

„Bei dem Ausgießen der Getränke stellte es sich heraus, dass der Hals, der ja nur einen kleinen Durchmesser hat, die Schwere der Flüssigkeit in den Gefäßen nicht halten konnte und stets abbrach."

Burger stabilisierte und verbesserte seine doppelwandige Glasflasche. Er ummantelte sie mit einem Metallgehäuse, versah sie mit Abstützungen auf Drahtgeflecht und einem Korken und verbesserte die Innenverspiegelung, damit die Silberschicht nicht mehr abblätterte. Komplettiert wurde die formschöne Flasche mit einem aufzuschraubenden Trinkbecher. Unter der Nummer 170057 registrierte das Reichspatentamt am 1. Oktober 1903 Burgers alltagstaugliche und handliche Erfindung. Die darauffolgenden Patentstreitigkeiten mit Dewar endeten zu Burgers Gunsten. 1904 ließ er sich den Namen „Thermos" für seine Flasche als eingetragenes Warenzeichen schützen. Auf den Weltausstellungen in St. Louis und Mailand 1904 und 1906 erhielt er eine Goldmedaille und ein Ehrendiplom für seine Erfindung. Es folgten Patente in den USA, England und Frankreich. 1906 gründete Burger gemeinsam mit zwei weiteren Compagnons die „Thermos-Gesellschaft mbH, Berlin W.", die ihr Produkt überschwänglich bewarb:

„Thermos-Flaschen halten ohne Vorbereitung, ohne Chemikalien, heiße Getränke 24 Stunden heiß, kalte Getränke auch an heißen Sommertagen ohne Eis tagelang eiskalt. Unentbehrlich für Touristen, Reisende, Automobilisten, Radfahrer, Wassersportler, Militärs, Luftschiffer, Forstbeamte, Jäger, Bureau- und Fabrik-Angestellte, alle Arbeiter, zur Kinderpflege, zu Brunnenkuren […]"

Für das Weihnachtsfest 1907 empfahl das weltberühmte Berliner Kaufhaus KaDeWe die Thermoskanne als besonderes Geschenk. Noch im selben Jahr war Burger am Aufbau der ersten Thermosflaschenfabrik in Brooklyn/New York, der „American Thermos Bottle Company", beteiligt. Zwischen 1907 und 1908 wurde viel Geld in Werbekampagnen gesteckt. „Was ist das? Hält kalt und heiß – ohne Feuer und Eis", wurde der bekannteste Werbespruch. Doch der große Erfolg blieb aus. 1909 verkaufte Burger seine Gesellschaft einschließlich Patent an die eigens gegründete „Thermos-Aktiengesellschaft" in Berlin-Charlottenburg. Sein Patent für den amerikanischen Markt und das weltweite Namensrecht gingen an die Thermos Bottle Company in New York, die die damals größte Fabrik der Welt in Connecticut auf drei Hektar Land errichtete.

Von den USA aus trat die Thermoskanne ihren Siegeszug an und eroberte die Welt. Die „Bottle Company" machte in einem weltweiten Werbefeldzug die Thermoskanne zum unentbehrlichen Bestandteil eines Campingsets. Mit Verspätung setzte sich die Thermoskanne damit auch in Deutschland durch. Burger starb 1954 im Alter von 88 Jahren.

In den mehr als 100 Jahren, die seit Burgers Erfindung vergangen sind, wurde die Thermoskanne stetig weiterentwickelt. Den großen Korken hat man heute meist durch einen Kunststoffverschluss ersetzt, und statt Glas bestehen die Gefäße meist aus Edelstahl. Ungebrochen ist die Beliebtheit der wärmedämmenden Flasche bei Groß und Klein. Dass es nicht bei Laborgefäßen geblieben ist, verdanken wir Burgers Erfindungsreichtum.

Bruchfest und stabil – so bewarb die Thermos AG ihre Flaschen.

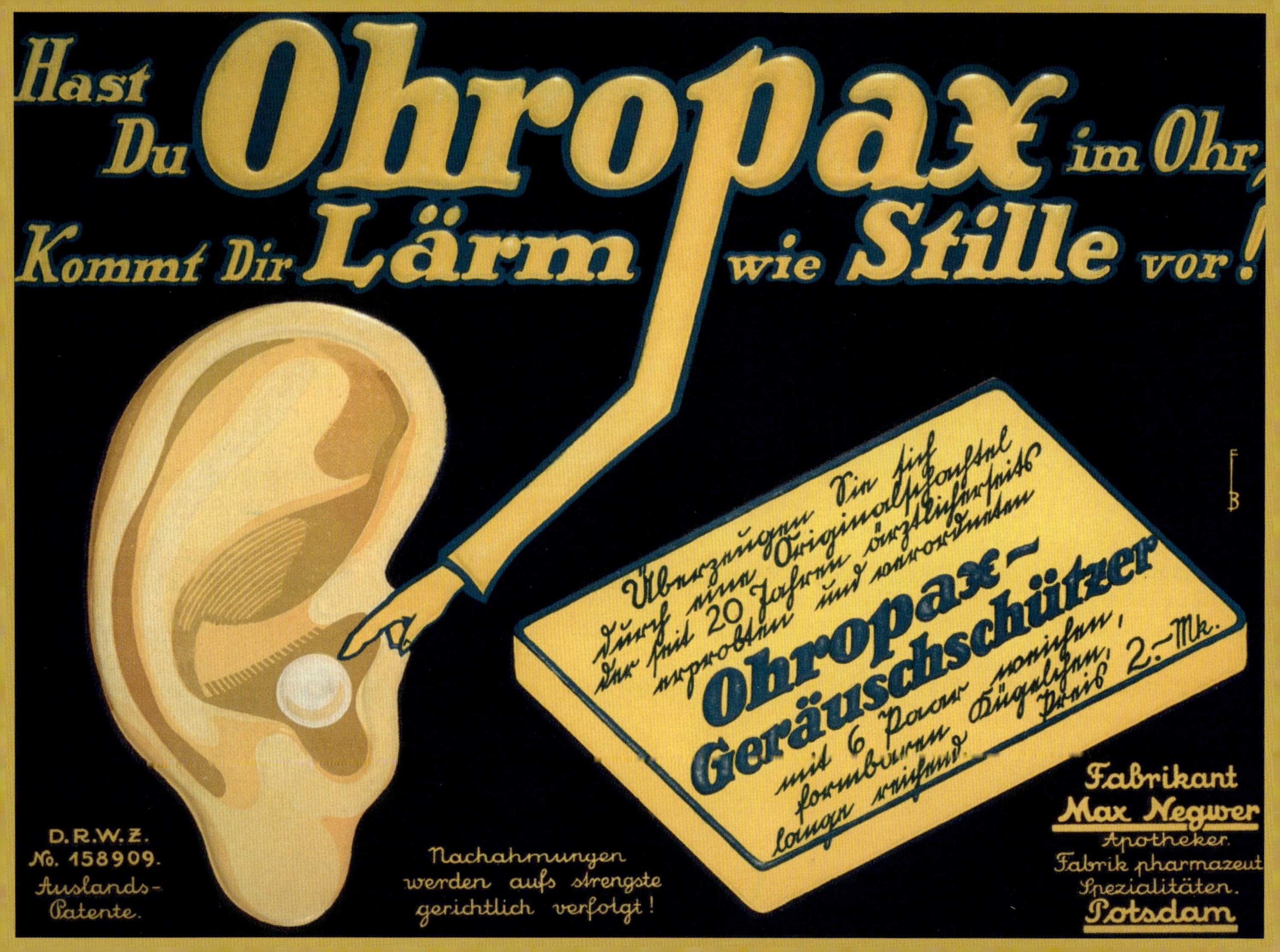
Hast Du Ohropax im Ohr,
Kommt Dir Lärm wie Stille vor!
Überzeugen Sie sich durch eine Originalschachtel der seit 20 Jahren ärztlicherseits erprobten und verordneten
Ohropax-Geräuschschützer
mit 6 Paar reinen formbaren Kügelchen, lange reichend
Preis 2.– Mk.
D.R.W.Z. No. 158909. Auslands-Patente.
Nachahmungen werden aufs strengste gerichtlich verfolgt!
Fabrikant
Max Negwer
Apotheker.
Fabrik pharmazeut. Spezialitäten.
Potsdam

Ohropax

Für eine selige Nachtruhe

„Vor drei Jahren brachte der Apotheker Max Negwer in Berlin die absolut idealen Ohr-Verschlüsse, Geräusche-Schutz, Ohropax, Ohr-Friede, in den Handel. Es waren knetbare Wachs-Watte-Kugeln. Man schlief damit sogar fest, wenn vor dem natürlich offenen Fenster ein Kutscher seine Pferde eindringlich und mit belebenden Worten ersuchte, sich in Trab zu setzen, wozu sie momentan freilich nicht ganz in Stimmung waren.“

Peter Altenberg, österreichischer Schriftsteller und „Lärmgeplagter“

Maximilian Negwer, 1908. In dem Jahr verkaufte er erstmals seine Ohrstöpsel in den bekannten gelben Blechdosen.

Berlin um die Jahrhundertwende: Die Stadt hat bereits über 1,8 Millionen Einwohner. Die Geräuschkulisse, die die Menschen umgibt, nimmt mehr und mehr zu. Zum Lärm des Verkehrs in der Millionenmetropole mischt sich der Lärm der Fabriken, der Mietskasernen, der Verkaufshallen. Lärm war schon um 1900 ein allgegenwärtiges Problem – nicht nur in Berlin. So lässt Rainer Maria Rilke seinen Protagonisten Malte Laurids Brigge über Paris schimpfen:

„Dass ich es nicht lassen kann, bei offenem Fenster zu schlafen. Elektrische Bahnen rasen läutend durch meine Stube. Automobile gehen über mich hin. Eine Tür fällt zu. Irgendwo klirrt eine Scheibe herunter, ich höre ihre großen Scherben lachen, die kleinen Splitter kichern.“

Heute wissen wir, dass Geräusche ab 85 Dezibel dem menschlichen Gehör Schaden zufügen und dass auch leise Töne wie nächtliche Straßengeräusche als Lärm empfunden werden können. Zu Beginn des 20. Jahrhunderts waren die Mediziner erstmals damit konfrontiert, dass Lärm krank machen kann. Der 1908 gegründete „Deutsche Lärmschutzverband“ sollte Abhilfe schaffen, doch Lärmschutzmaßnahmen oder -verordnungen gab es noch nicht. Der Berliner Stadtbauinspektor Georg Pinkenburg stellte resigniert fest, dass man den Lärm in einer Großstadt kaum eindämmen könne. Insbesondere der Straßenlärm ließe sich bestenfalls verringern, aber nicht beseitigen.

Von Odysseus lernen

Individuelle Lösungen mussten her. 1885 kam „Antiphon“ auf den Markt, eine Kugel aus Metall oder Hartgummi, die den Gehörgang verschloss und mit einem Bügel im Ohr befestigt wurde. Die Apparatur saß korrekt, wenn man das Ticken einer Taschenuhr nicht mehr hörte. Ihr Erfinder, der Hauptmann Maximilian Pleßner, lobte „Antiphon“ in einer Werbebroschüre als „Apparat zum Unhörbarmachen von Tönen und Geräuschen“. Jedermann sollte „in den Stand gesetzt werden, böswillig oder unabsichtlich erzeugte akustische Unflätereien sich vom Leibe

Ohropax-Werbeplakat von 1928

zu halten“ und sich vor „akustischem Schmutz“ zu schützen. Die Handhabung war allerdings umständlich: In der Nacht fiel es heraus und war eigentlich nur im Sitzen oder in der Rückenlage zu gebrauchen. Zudem erzeugte „Antiphon“ ein unangenehmes Druckgefühl.

Der 1872 in Schlesien geborene Drogist und Apotheker Maximilian Negwer, der 1900 nach Berlin gezogen war, kannte die Klagen und wusste, dass sich lärmgeplagte Menschen alles Mögliche in die Ohren stopften. Ein bequemes, zeitgemäßes Produkt stellte eine wahre Marktlücke dar. Nun kam der Zufall ins Spiel. Eine Bekannte von ihm machte ihn auf die gerade veröffentlichte Patentschrift eines Dr. Emil Sprenger aufmerksam, der die in der griechischen Mythologie beschriebenen Bienenwachskugeln des Odysseus zum Ausgangspunkt für eine entscheidende Verbesserung genommen hatte.

Hier sei die in Homers „Odyssee“ enthaltende Episode noch einmal kurz erzählt: Um dem Gesang der Sirenen lauschen zu können, ließ sich der griechische Held Odysseus an den Schiffsmast binden. Seine Mannschaft hingegen sollte sich die Ohren mit Bienenwachs verschließen, damit sie nicht in die tödlichen Fänge der Sirenen geriet und das Schiff an den Gefahren vorbeisteuerte.

Sprengers Erfindung bestand nun darin, eine Mischung von geeigneten Ölen und Wachsen erstmals auf ein Trägermaterial wie Watte, Schwamm oder Filz aufzubringen, um so formstabile Kugeln zu erhalten. Denn Kugeln aus reinem Bienenwachs neigten zum Zerbröseln. Negwer war von der Idee, die Berliner von dem „Gesang der Stadt“ zu befreien, fasziniert und begann aus der Erfindung Sprengers ein marktfähiges Produkt zu entwickeln. Es sollte – wie der Berliner zu sagen pflegt – jedoch „noch viel Wasser die Spree hinunterfließen“, bis Negwer die optimale Zusammensetzung gefunden hatte. Bienenwachs bröckelte, Schaftalg roch unangenehm, und manche Mischungen schmolzen und flossen dem Schläfer nachts aus dem Ohr. Schließlich entschied sich Negwer für Baumwollwatte, die er mit einem bestimmten Gemisch aus Paraffinwachsen und Vaselinen tränkte. Die daraus geformten Kügelchen waren „Antiphon“ überlegen: Sie waren wirksamer, ließen sich dem Gehörgang ohne Druckgefühl anpassen, hielten in jeder Position, waren gut verträglich und ließen sich einfach entfernen. Ein Name war schnell gefunden: Die deutsch-lateinische Mischung aus Ohren und „Pax“ sollte den „Ohrenfrieden“ herstellen.

Er erkannte ihr wirtschaftliches Potenzial, schloss im Herbst 1907 seine Apotheke und gründete in Berlin-Schöneberg die „Fabrik pharmazeutischer und kosmetischer Spezialitäten Max Negwer“, in der er seine „Ohropax Geräuscheschützer“ herstellen ließ. Bereits im Folgejahr konnte man sie in ihrer berühmt gewordenen Verpackung, in kleinen blassgelben Blechdöschen, zum Preis von einer Mark erwerben.

Gegen den Kanonendonner

Negwers Erfindung etablierte sich anfangs nur langsam. Den Durchbruch schaffte sein Lärmschutzprodukt infolge des Ersten Weltkriegs. Negwer war es 1916 gelungen, das Kriegsministerium zu überzeugen, Ohropax in die Grundausstattung der Soldaten aufzunehmen, die in den Schützengräben unter höllischem Lärm litten. Die Packungen trugen alsbald die Aufschrift:

„Gegen die Schallwirkung des Kanonendonners, für Verwundete und Kranke und Sanitätspersonal, beim Schwimmen gegen Eindringendes Wasser, für Luftschiff, Flugzeug und Auto-

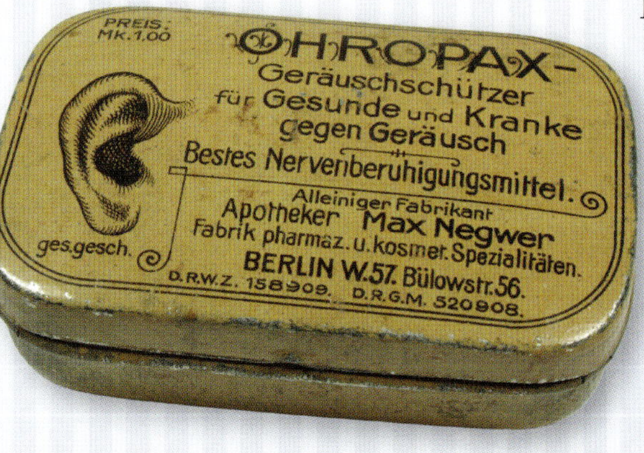

Sechs Paar in einer Blechdose konnte man 1915 für eine Mark erwerben.

mobilbegleitung. Für Artillerie, Kriegsschiffe, im Biwak und Eisenbahnverkehr.“

Nach dem Krieg war Ohropax auch aus dem zivilen Leben nicht mehr wegzudenken. In den 1920er-Jahren warben Plakate mit dem eingängigen, bis heute bekannten Slogan: „Hast du Ohropax im Ohr, kommt dir Lärm wie Stille vor.“ Lärmgestresste griffen zur gelben Dose, um der „Sinfonie der Großstadt“, wie ein Stummfilm-Klassiker den Krach der Hauptstadt nett umschrieb, zeitweise entfliehen zu können.

Unverändert erfolgreich

Die Wachs-Watteballchen machten Negwer zu einem wohlhabenden Mann. 1924 erwarb er in der Potsdamer Jägervorstadt eine spätklassizistische Villa in der Marienstraße 34 (heute Gregor-Mendel-Straße). Auch die Produktion von Ohropax wurde in die Potsdamer Marienstraße verlegt. In den 1930er-Jahren gingen bis zu 300 000 Dosen pro Jahr mit je zwölf Wachsbällchen in den Verkauf. Als Negwer 1943 starb, übernahm seine Frau Erna

Ohropax-Werbeplakat um 1930

die Geschäfte. Zum Kriegsende musste die Produktion wegen Rohstoffknappheit eingestellt werden. Die Rote Armee beschlagnahmte anschließend Villa und Fabrikgebäude.

1958 übernahm ein volkseigener Betrieb in Thüringen die Ohropax-Produktion. Das Familienunternehmen Negwer hingegen übersiedelte in die Bundesrepublik, zuerst nach Frankfurt am Main, dann nach Bad Homburg. Hier wurden die Kügelchen noch wie zu Zeiten des Firmengründers in Handarbeit hergestellt und in nostalgischen Blechdöschen verpackt. Erst 1991 übernahmen zwei computergestützte Fertigungsstraßen die Produktion – allerdings am neuen Standort Wehrheim, nachdem sich Anwohner in Bad Homburg ironischerweise über die infolge des zunehmenden Lieferverkehrs angestiegene Lärmbelastung beklagt hatten.

Derzeit produziert das familiengeführte Unternehmen jährlich über 35 Millionen Wachskugeln. Neben dieser Klassik-Variante bieten moderne, wiederverwendbare Ohrstöpsel aus Schaumstoff in verschiedenen Formen und Farben, aus Silikon oder aus weichen Kunststofflamellen „Luxus für die Ohren“. Der Hauptanteil des Umsatzes beruht jedoch noch immer auf dem Ursprungsprodukt von Maximilian Negwer.

Theodor Hübner
Ausstellung Frischer Blumen
Prinzen-str. 29

Der Blumenversand

Es reist der Auftrag, nicht die Blumen

„Die schönsten Blumen wollen wir finden
und sie zu einem Sträußlein binden.
All unsere Liebe legen wir hinein,
sie wird auch dann noch bei dir sein,
wenn längst vorbei die Blütezeit."

Aus den „Liebevollen Phrasen"
eines Blumenversands

„Berlins größte Blumenbinderei": das Hübner-Blumengeschäft in der Prinzenstraße 29 um 1900

„Man schreibt das Jahr 1908, und in einem kleinen Blumengeschäft in der Berliner Prinzenstraße wird der Grundstein gelegt für die internationale Organisation der Fleurop: Max Hübner heißt der Mann mit der Idee, Blumenhändler ist er wie viele tausend andere auch, unterscheidet sich jedoch von ihnen durch seinen Weitblick [...]. [Er importiert] schon damals Blumen von der Riviera und treibt ein reges Exportgeschäft mit dem zaristischen Russland", heißt es in der Jubiläumsschrift der Fleurop GmbH 1978.

Max Hübner entstammte einer Berliner Floristenfamilie. Seit 1866 war „Blumen-Hübner" in der Kreuzberger Prinzenstraße 29 eine stadtbekannte Adresse und firmierte als „Berlins größte Blumenbinderei". Max' Mutter Alwine etablierte mit ihrer „Blumenkunst" sogar den Berufsstand des Blumenbinders. 1901 übernahm der 1866 geborene Max gemeinsam mit seinem Bruder Arthur den Betrieb der Eltern, der unter seiner Führung zum preußischen Hoflieferanten für Prinz Friedrich Leopold von Preußen aufstieg.

Selbstverständlich war auch Blumen-Hübner in den Blumenversand involviert. Die Nachfrage wuchs stetig. Viele Berliner hatten in Deutschland und im Ausland Freunde oder Verwandte, die sie beschenken wollten. Auch die in Berlin und Potsdam stationierten Offiziere schickten gern Blumengrüße an ihre Bräute oder Ehefrauen. Dazu wurden die Blumen im Laden ausgesucht, dort gut im Karton verpackt und per Post und mit der Eisenbahn auf ihren Weg zum Empfänger geschickt. Der Entfernung waren jedoch Grenzen gesetzt, denn selbst anspruchslose Blumen ließen die Köpfe hängen, wenn die Reise mehrere Tage dauerte.

Erstes Lieferauto des Blumenhauses Theodor Hübner, um die Jahrhundertwende

Die „Blumenspenden-Vermittlungs-Vereinigung"

Als langjährigem Vorsitzenden des Verbandes Deutscher Blumengeschäftsinhaber (VDB) war Hübner das Problem bekannt. 1908 entwickelte er die Idee, nicht die Blumen selbst, sondern lediglich die Aufträge an Blumengeschäfte auf die Reise zu schicken. Das war technisch möglich, da man die Aufträge per Telegramm versenden konnte. Nun musste Hübner nur noch Mitstreiter finden. Es gelang ihm, 98 Blumenhändler von seiner Idee zu überzeugen. Der 17. September 1908 ging als Gründungstag der „Blumenspenden-Vermittlungs-Vereinigung" in die Geschichte ein. Sie nahm in den Räumen des VDB am Berliner Reichpietschufer ihre Arbeit auf. Hier wurde der Blumenversandauftrag angenommen und an den Händler am Zustellort per Telegramm übermittelt, der den Strauß anfertigte und dann überbrachte. Die Bezahlung erfolgte über einen Verrechnungsscheck, der per Post verschickt wurde. Angeblich soll den allerersten Blumengruß, der so auf die Reise ging, eine Potsdamerin von ihrem Verehrer aus Berlin erhalten haben.

1921 listete das Mitgliederverzeichnis bereits 1374 deutsche und 133 ausländische Blumengeschäfte, die über den von Hübner entwickelten Telegrammschlüssel verfügten: ein Abkürzungssystem, mit dessen Hilfe man den Floristen am Zielort kurz, knapp und unmissverständlich darüber informieren konnte, welche Blumen mit welcher Grußbotschaft zu übermitteln waren. Auch für den europaweiten Versandhandel bot der bald mehrsprachige Telegrammschlüssel unschätzbare Vorteile: Sprachliche Barrieren zwischen dem Auftraggeber und ausländischen Lieferanten waren bei der Bestellung ausgeschlossen. Nicht zuletzt verhinderte das System hohe Telegrammkosten. Später wurden Aufträge per Telefon weitergeleitet.

Der Fleurop-Gründer Max Hübner

Blumen in alle Welt

1910 gründeten amerikanische Blumenhändler mit der „Florists' Telegraph Delivery Association" (FTD, später „Florists' Transworld Delivery Association") ein vergleichbares Konkurrenzunternehmen. Als Firmenlogo wandelte die FTD den römischen Merkur in den bekannten Blumen bringenden Götterboten um, der heute noch die Fleurop AG ziert. Auch ein Glasgower Blumenladen und eine Baumschule in Essex baten um Aufnahme in die FTD. Bis 1923 kamen weitere 15 britische Partnergeschäfte dazu. Zwar sprachen die „Blumenspenden-Vermittlungs-Vereinigung" und die FTD schon vor dem Ersten Weltkrieg über eine internationale Zusammenarbeit, doch war diese vertraglich noch nicht geregelt. Im Mai 1914 schrieb Hübner:

„Vielleicht reichen sich Ost und West und Nord und Süd noch die Hände, um dieses

bescheidene Friedenswerk der Blumenspendenvermittlung auf internationaler Grundlage auszubauen.“

Der Erste Weltkrieg durchkreuzte diese Pläne. Blumen- und Kranzspenden gingen nun vor allem in Lazarette und auf Kriegsgräber. Die Idee einer internationalen Zusammenarbeit war in weite Ferne gerückt. Erst 1926 reiste eine Delegation der FTD durch Europa, um Kontakte zu knüpfen. Ein Jahr später gelang es Max Hübner, die einzelnen Blumenvermittlungsdienste im europäischen Ausland, die sich im Laufe der Zeit gebildet hatten, zur europaweit agierenden „Fleurop-Interflora“ (*flores europae* – Europas Blumen) zusammenzuschließen. Einstimmig wurde er zu ihrem Präsidenten gewählt und Zürich als Hauptsitz bestimmt, wo Hübner nach dem Tod seiner ersten Frau seit 1926 mit der Schweizerin Klara Krämer lebte. Fünf Jahre später gründete sich die deutsche „Fleurop“ mit 3500 Mitgliedern, die der internationalen Fleurop-Interflora ab 1935 jedoch nicht mehr angehörte.

Erst 1949, nach dem Zweiten Weltkrieg, trat die deutsche Fleurop dem internationalen Verbund wieder bei, der sich unterdessen nochmals erweitert hatte: 1946 hatten sich in Kopenhagen die internationalen Blumendienste, die Fleurop-Interflora, die Interflora British Unit und die FTD, zur weltweit operierenden Interflora Inc. mit Sitz in Downers Grove (USA) zusammengeschlossen. Eine künstliche Währung, „Fleurin“ genannt, erleichtert die interne Verrechnung. Der Blumen bringende Götterbote der FTD avancierte zum weltweiten Fleurop-Logo.

Lass Blumen sprechen

Die moderne Telekommunikation hatte die Vermittlung von Blumen überhaupt erst möglich gemacht. Telefon und Fax lösten dann die Telegrafie ab und wurden selbst durch Computer und Internet ersetzt. Der weltweite Service vollendete die Idee Hübners, „Blumen in alle Welt“ zu versenden. Inzwischen listet Fleurop mehr als 50 000 Partner in 150 Ländern. Deutschland verfügt über das dichteste Netz mit ca. 9000 Geschäften und sorgt für ein Fünftel aller Grüße. Alle acht Sekunden wird hier ein Fleurop-Gruß verschenkt. Acht von zehn Aufträgen werden mittlerweile über das Internet aufgegeben.

Im Blumenschenken unterscheiden sich die Europäer: Am seltensten verschicken Südeuropäer einen Strauß, die Schweden lassen sechsmal, die Deutschen dreimal im Jahr Blumen sprechen. Bis heute profitieren Fleurop-Mitglieder von Hübners Idee, denn nur die Fleurop-Partnerfloristen halten je eine Aktie. Während Fleurop-Sträuße nach wie vor in Handarbeit von Floristen am Zustellort gebunden werden, greifen andere Blumenversandfirmen auf Standardsträuße aus zentralen Auslieferungslagern zurück oder verschicken ihre Sträuße sogar wieder in Kartons. Bei Fleurop gilt hingegen noch immer das inzwischen über 100 Jahre alte und bewährte Prinzip Hübners: „Es reist der Auftrag, nicht die Blumen.“

Blumengrüße in alle Welt, Titelseite einer neuen Kundenbroschüre aus dem Jahr 1958

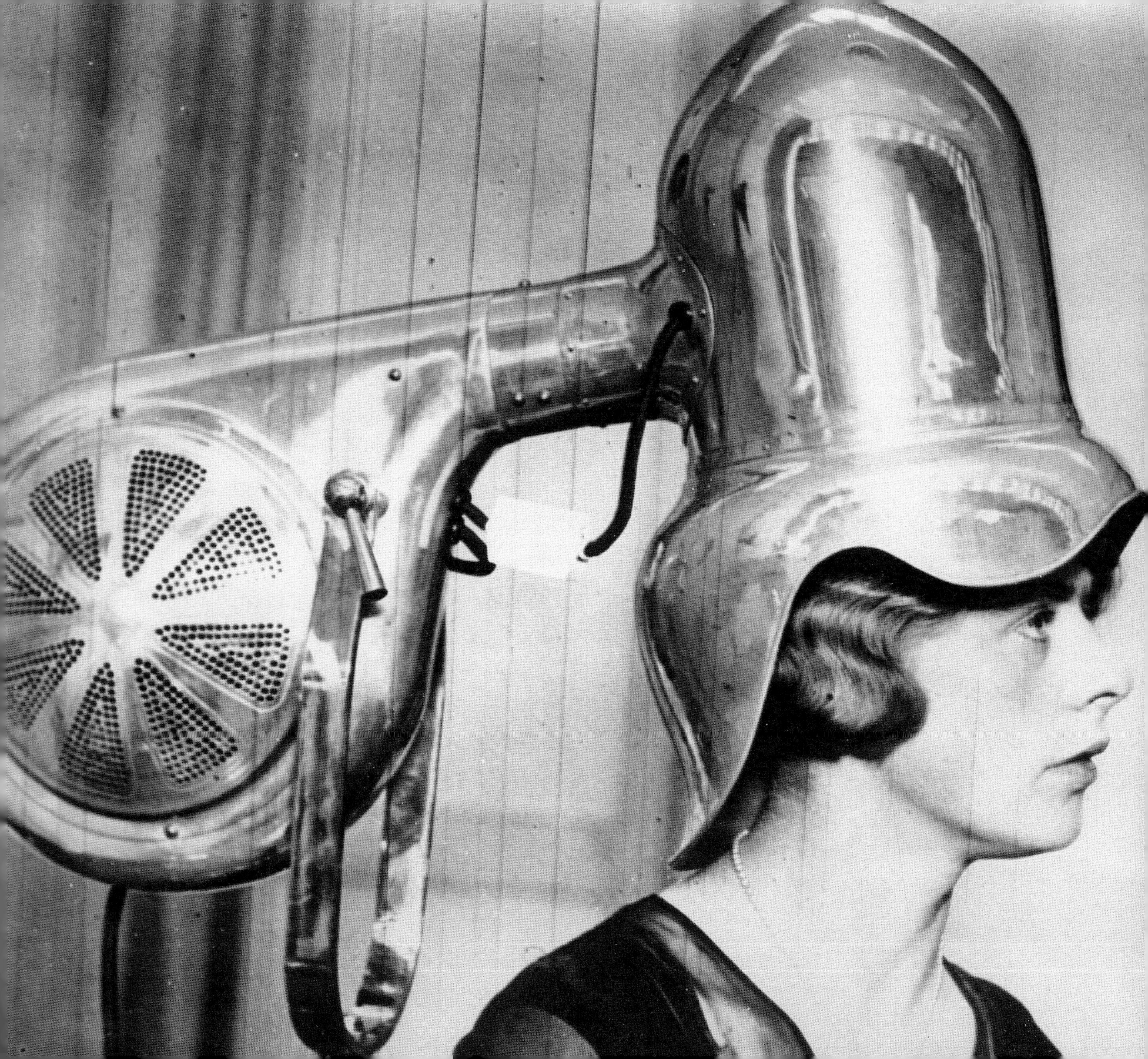

Der Fön

Mehr als heiße Luft

> *„Haare werden mit Vorteil an der Sonne getrocknet. Wo dies jedoch nicht möglich ist, empfiehlt es sich für die Kopfwäsche einen elektrischen Haartrockner anzuschaffen."*
>
> Erna Horn,
> „Der neuzeitliche Haushalt" (1941)

Am Anfang war das Rubbeltuch. Damit saugte man nach dem Waschen der Haare die Nässe auf, den Rest erledigte die frische Luft. Um 1890 entwickelte erstmals der Franzose Alexandre Godefroy den Vorgänger eines Haartrockners in seinem Pariser Friseursalon. Die Berliner Allgemeine Electricitäts-Gesellschaft (AEG) folgte 1899 mit einer rund zwei Kilogramm schweren elektrischen Haartrockenmaschine unter dem Namen „Heiß- und Kaltluftdusche". Aus einem Düsenrohr blies entweder kalte oder 90 Grad heiße Luft. Das Prinzip war einfach: Das Gebläse, das vom im Griff untergebrachten Motor angetrieben wurde, leitete die Luft über stromdurchflossene Heizdrähte im Inneren des Gerätes. Die dabei erzeugte Warmluft konnte das Wasser in den Haaren besser aufnehmen und ließ sie trocknen.

Doch die Technik war unausgereift. Abgesehen von dem starken Lärm, den das Gerät erzeugte, war es nicht ungefährlich für Haare und Benutzer. Die Temperatur ließ sich nicht regeln. Eine Übertemperatursicherung, die das Gerät im Notfall abschaltete, gab es noch nicht. So konnte es passieren, dass die Luftdusche statt heißer Luft dunkle Rauchwolken produzierte oder Funken sprühte. Aufgrund der erfolgreichen Werbekampagne – AEG-Geräte waren ja „aus Erfahrung gut" – trat das Gerät trotzdem seinen Siegeszug im modernen Haushalt an. In ihrer Jubiläumsbroschüre „100 Jahre heiße Luft" bekannte die AEG gleichwohl, dass der erste Haartrockner „ein heißer und ungestümer Kamerad" gewesen sei, „der damals nur für das mutige Frauchen geeignet war".

Nur echt mit der Aufschrift „Fön". Eine Reklamemarke von Sanitas wirbt für das stilsichere Gebläse.

Erfolgreich gegen Rheuma

1908 brachte die Berliner Firma Sanitas ein weiteres Modell namens „Fön" auf den Markt. Bei der Namensgebung stand der „heiß zu Tal stürzende Südwind" Pate. Das „h" im Föhn hatte Sanitas bei seiner Modellbezeichnung bewusst weggelassen. Seine Wortschöpfung ließ sich das Unternehmen als Warenzeichen im Januar 1909 im Markenregister sichern. Der Fön war ein wenig leichter als sein unhandlicher AEG-Konkurrent und hatte einen isolierten Handgriff ohne darin eingebauten

Ein neuartiger Haartrockner wird um 1935 auf der Haarmodenschau in London präsentiert. Aus ersten bescheidenen Anfängen um 1900 entwickelten sich Haartrockner bald zu wahren Monstren.

Motor. Sanitas, eigentlich Hersteller elektromedizinischer Geräte, war mit dem Fön so erfolgreich, dass die Fabrik erweitert werden musste. Die Heißluftdusche war vielseitig anwendbar. Reklamezettel aus der Zeit, die den Fön als „unentbehrlich für jedes Haus" bewerben, preisen das Universalgerät: Nicht nur ließen sich damit die Haare frisieren, man konnte auch Betten und Badetücher vorwärmen, Kleidungsstücke wie Handschuhe trocknen, Tiere säubern und sogar Rheumatismus, Gicht oder Hauterkrankungen mit der wärmenden Luft behandeln. Nicht zuletzt ließen sich fotografische Platten schneller entwickeln und Federn in Federboas kräuseln.

So war in Meyers Lexikon 1925 zu lesen (auch wenn die Warenmarke falsch geschrieben war): „Erwärmte Luft (Heißluftdusche) wird durch einen handlichen elektrischen Apparat, Föhn genannt […], gegen den kranken Körperteil getrieben." Der „Große Brockhaus" von 1930 hielt den Fön neben der medizinischen Anwendung bei „Hauterkrankungen, Neuralgien, Muskelrheumatismus usw." mit einer „ Behandlungsdauer 10 bis 20 Minuten" auch „zum Trocknen der Haare nach dem Waschen" für geeignet. Die Firma Sanitas wurde in diesem Zusammenhang nicht mehr erwähnt: „Fön" war in den 1920er-Jahren bereits zum sprachlichen Allgemeingut geworden, der Markenname zum Synonym für alles, was heiße Luft produzierte. Das sollte sich noch einmal ändern.

„Die Dame und der AEG-Haartrockner" – die AEG durfte ihre Heißluftdusche bis 1957 nicht als Fön bezeichnen.

Die AEG-Heißluftdusche wird ein Fön

Als AEG die Marke „Fön“ im Jahr 1957 von Sanitas übernahm, wurde aus dem AEG-Haartrockner, der sich seit seiner Erfindung stets nur als „Heißluftdusche“ bezeichnen konnte, endlich auch ein „Fön“. Andere Hersteller durften ihre Heißluftgeräte nach der Übernahme nun nicht mehr „Fön“ nennen, da der Markenname seither allein der AEG vorbehalten ist.

Die Geräte selbst haben sich im Laufe der Zeit kontinuierlich weiterentwickelt. Sie sind preiswerter und vor allem leichter geworden. Schon 1910 hatte das AEG-Modell 200 Gramm abgenommen und wog „nur“ noch 1,8 Kilogramm. Seine Leistung lag bei 300 Watt. Sowohl die AEG- als auch die Sanitas-Modelle bestanden, abgesehen vom hölzernen Griff, aus Metall. Die Geräte, die in den 1950er-Jahren mit einem Kunststoffgehäuse auf den Markt kamen, waren endlich leichter und ließen sich besser handhaben. Der AEG-„Original-Foen“ von 1959 wog 800 Gramm. Zum Vergleich: Heute wiegt ein Haartrockner nur etwa 300 Gramm bei einer Leistung von 1200 Watt. Auch die Verkleinerung des Elektromotors wirkte sich auf die Größe und Schwere der Haartrockner aus.

Der Siegeszug der vielseitigen Erfindung war seitdem nicht aufzuhalten. „Waschen, schneiden, fönen?“, wurde zum geflügelten Wort in den Friseursalons. Dank der leichteren und erschwinglichen Heißluftduschen konnte man seine Haare nun auch zu Hause „stylen“. Das hatte wiederum Einfluss auf das Friseurgewerbe, das zeit- und somit kostenintensivere Fönfrisuren als Modetrends kreierte, um die rückläufigen Kundenzahlen zu kompensieren.

Sanitas-Fön aus den 1930er-Jahren

Verflixte Schreibung

Noch zwei Erfindungen seien erwähnt: die 1965 von General Electric auf den Markt gebrachte tragbare glockenförmige Trockenhaube und die in den 1970er-Jahren erfundene klappbare Mini-Variante des Föns, der somit auf jede Reise mitgehen konnte. Im letzten Jahrzehnt wurde der Fön wieder größer, wuchs über seine eigentliche Aufgabe hinaus und wurde dank austauschbarer Aufsätze zum „Profi-Haarmodellierer“. Der „Volume-Styler“ wurde selbst zum Designobjekt.

Die Schreibweise des Gebläses blieb umstritten. Der Duden legte 1934 fest, dass sich der zu Tal stürzende Südwind Föhn mit „h“, der Haartrockner zur Unterscheidung hingegen ohne „h“ zu schreiben habe. Diesen Unterschied hob der Duden 1998 wieder auf. Seitdem kann man nicht nur den Fallwind, sondern auch das Heißluftgebläse als Föhn mit „h“ schreiben. Die AEG verteidigte in ihrer Jubiläumsschrift den Fön® als eingetragenes Warenzeichen, das „notfalls auch mit Zähnen und Klauen gegen Jedermann verteidigt wird, der sich mit diesem schönen Namen unberechtigt schmücken will“. Für den Unschlüssigen gibt es glücklicherweise zahlreiche Synonyme: Haartrockner, Heißlufttrockner, Heißluftapparat und das in der DDR verwendete „Luftdusche“ in Erinnerung an den gesundheitsfördernden Aspekt. Der Markenname Fön ging mit Auflösung der AEG an die schwedische Firma Elektrolux über. Aber wie auch immer man das praktische Gerät bezeichnen möchte – es findet sich in jedem Haushalt.

Der Geigerzähler

Die Messung des unsichtbaren Todes

„Man könnte sich vorstellen, dass das Radium aber auch in verbrecherischen Händen sehr gefährlich werden könnte, und man müsse sich fragen, ob es für die Menschheit gut ist, die Geheimnisse der Natur zu kennen, ob sie reif ist, daraus Nutzen zu ziehen, oder ob ihr diese Erkenntnis zum Schaden gereichen könnte."

Marie Curie

Strahlung ist nicht gleich Strahlung. Täglich sind wir natürlicher Strahlung ausgesetzt, die unsere Gesundheit nicht gefährdet. Zum elektromagnetischen Spektrum gehören beispielsweise die langwelligen Mikro- oder Rundfunkwellen oder Infrarotstrahlung. Auch das sichtbare Licht ist eine elektromagnetische Welle und kann als Strahlung bezeichnet werden. Strahlung im langwelligen Bereich ist im Normalfall nichtionisierend. Das heißt, sie weist nicht genug Energie auf, um aus Atomen oder Molekülen Elektronen herauszustoßen und sie somit in Ionen umzuwandeln.

Gefährliche Strahlung

Gefährlich wird es jedoch, wenn elektromagnetische Wellen in hohen Frequenzbereichen auf Materie treffen. Die Grenze zur ionisierenden Strahlung – und damit zur gesundheitsgefährdenden Strahlung – findet sich bereits im Ultraviolettbereich des Lichts. Elektromagnetische Wellen mit kurzer Wellenlänge – darunter fallen beispielsweise Röntgenstrahlung, Gammastrahlung oder Höhenstrahlung – sind hochenergetisch. Die Energie dieser Strahlungen ist groß genug, um Elektronen aus Atomen oder Molekülen herauszulösen – ein Vorgang, der für Lebewesen extrem gefährlich ist, da er DNA-Moleküle zerstören kann.

Zur ionisierenden Strahlung zählt jedoch nicht nur kurzwellige elektromagnetische Strahlung. Schnell bewegte freie Elektronen, Protonen oder Neutronen weisen ebenfalls die nötige Ionisationsenergie auf. Zu dieser ionisierenden Teilchenstrahlung rechnet man zum Beispiel die Neutronenstrahlung in Kernreaktoren oder die Alpha- und Betastrahlung, die aus radioaktivem Zerfall resultieren.

Von Radioaktivität spricht man, wenn instabile Atomkerne unter Aussendung ionisierender Strahlung – meist Alpha-, Beta- oder Gammastrahlung – zerfallen. Als Radionuklide werden Atomsorten mit einem solch instabilen Kern bezeichnet.

Geiger gehörte wie Becquerel, die Curies oder Rutherford zu den Pionieren der Radioaktivitätsforschung.

Alpha- und Betateilchen auf der Spur

Das Phänomen der ionisierenden Strahlung entdeckte der französische Physiker Henri Becquerel 1896 an Uran. Das Ehepaar Marie und Pierre Curie, das die radioaktiven Substanzen Radium und Polonium nachwies, prägte nur zwei Jahre später für den von Becquerel entdeckten radioaktiven Zerfall und die daraus resultierende Strahlung die Bezeichnung Radioaktivität.

Nach wie vor besteht im Gebiet rund um den Kernreaktor von Tschernobyl aufgrund der Strahlung nach dem Super-Gau von 1986 Lebensgefahr. Die mit einem Geigerzähler gemessene Strahlung liegt dort durchschnittlich 100-fach über dem Normalmaß.

Dem neuseeländischen Physiker Ernest Rutherford gelang es zur selben Zeit, die zwei Teilchenstrahlungen der Alpha- und Betastrahlung sowie die elektromagnetische Gammastrahlung voneinander zu unterscheiden. Da diese ionisierenden Strahlungen radioaktiver Substanzen für den Menschen nicht direkt wahrnehmbar sind, sannen Forscher seit ihrer Entdeckung darauf, sie messbar und somit sichtbar zu machen. Zu den Pionieren der Radioaktivitätsforschung gehörte auch der deutsche Physiker Johannes „Hans" Wilhelm Geiger.

Geiger, 1882 in Neustadt an der Weinstraße geboren, studierte Physik und Mathematik in Erlangen und München. Nach seiner Promotion 1906 ging er nach Manchester und arbeitete als Assistent Rutherfords. Er schrieb über diese Zeit:

„Während ich das Experimentieren übernahm, bereicherte Rutherford die Arbeiten mit seinen Gedanken und gab ihnen die äußere Form. Es galt ihm als selbstverständlich, dass ich in allen Publikationen meinen Namen neben den seinen setzen durfte."

Geiger forschte über die Streuung der von Radium ausgesendeten Alphateilchen (Teilchen der Alphastrahlung) und entwickelte zusammen mit Rutherford 1908 ein erstes Zählrohr zur Messung von Alphateilchen. Als Experte für Messinstrumente kehrte Geiger im Oktober 1912 nach Deutschland zurück und übernahm die Leitung des Labors für Radioaktivität an der Physikalisch-Technischen Reichsanstalt in Berlin-Charlottenburg. Unterstützt von James Chadwick, einem Kollegen aus Manchester, forschte Geiger in seinem Berliner Labor an der Weiterentwicklung seines Messgerätes – und war erfolgreich. Das als „Spitzenzähler" bezeichnete Zählrohr konnte nun neben den Alphateilchen auch die nur gering ionisierenden Betateilchen nachweisen.

1924 habilitierte sich Geiger in Berlin und folgte 1925 dem Ruf als Professor für Experimentalphysik an die Kieler Christian-Albrechts-Universität. 1926 wurde der Physikstudent Walther Müller Geigers Doktorand und 1928 dessen Assistent. Beide arbeiteten an der Weiterentwicklung des Geigerschen Spitzenzählers.

Einen ersten Apparat zur Detektion von Alphateilchen konstruierten Geiger (l.) und Rutherford (r.) schon 1908.

Das Geiger-Müller-Zählrohr

Im Juli 1928, nach nur dreimonatiger Arbeit, konnten Geiger und Müller ein neues Elektronenzählrohr vorweisen, das präzise genug war, um neben Alpha- und Betastrahlung nun auch Gammastrahlung nachweisen zu können.

Das Geiger-Müller-Zählrohr bzw. umgangssprachlich Geigerzähler genannte Messgerät besteht aus einem Metallrohr, das mit einem Edelgas

Dieses Exemplar eines Geiger-Müller-Zählrohrs nutzte James Chadwick, als er das Neutron entdeckte.

gefüllt ist. Ein im Rohrinneren gespannter Draht dient als Pluspol, das Rohr selbst als Minuspol. Zwischen beiden Polen wird eine Spannung von einigen Hundert Volt angelegt. Trifft nun ionisierende Strahlung auf das Zählrohr, löst diese aus den Gasatomen Elektronen heraus, die in Richtung Pluspol streben. Die Gasatome werden ionisiert, es fließt ein Strom zwischen Plus- und Minuspol. In diesem Falle gibt der Geigerzähler ein visuelles oder akustisches Signal von sich, meist in Form eines Knackens.

Geiger fürchtete die Konkurrenz und wollte die Ergebnisse zuerst geheim halten, stellte dann jedoch das Elektronenzählrohr am 7. Juli 1928 auf der Tagung der Deutschen Physikalischen Gesellschaft in Kiel öffentlich vor. Noch im Juli erschien darüber eine erste Publikation.

In den folgenden Monaten wollten zahlreiche Forscher das Labor besuchen, um die Funktionsweise des Geiger-Müller-Zählrohrs kennenzulernen. Die Produktion des Messgeräts übernahm die Firma Neufeldt & Kuhnke in Kiel. Der Geigerzähler etablierte sich schnell als anerkanntes Messinstrument für Radioaktivität und wird bis heute in nur wenig veränderter Form verwendet. Das Gerät ist im Baugewerbe, in der Geologie, bei Umwelt- und Entsorgungsdiensten, in der Medizin und im Güterverkehr unentbehrlich und warnt zuverlässig vor einer zu hohen Strahlenbelastung.

1929 übernahm Geiger den Lehrstuhl für Experimentalphysik an der Tübinger Universität. An dieser Stelle trennten sich die Wege der Physiker Geiger und Müller. Auf eine schlecht dotierte Assistentenstelle verzichtete Müller und wechselte in die Röntgenröhrenindustrie.

1936 folgte Geiger dem von den Nationalsozialisten aus dem Amt gedrängten Physiker Gustav Hertz als Direktor des Physikalischen Instituts der Technischen Hochschule Berlin. Er setzte seine Untersuchungen zur Radioaktivität und Kernphysik fort und beschäftigte sich mit kosmischer Strahlung. Geiger, der die von großen Hoffnungen geprägten Anfänge der Radioaktivitätsforschung miterlebt hatte, erfuhr nun auch deren andere, furchtbare Seite: die Atombombenabwürfe auf Hiroshima und Nagasaki am 6. und 9. August 1945. Kurz darauf, am 24. September 1945, starb Geiger in Potsdam.

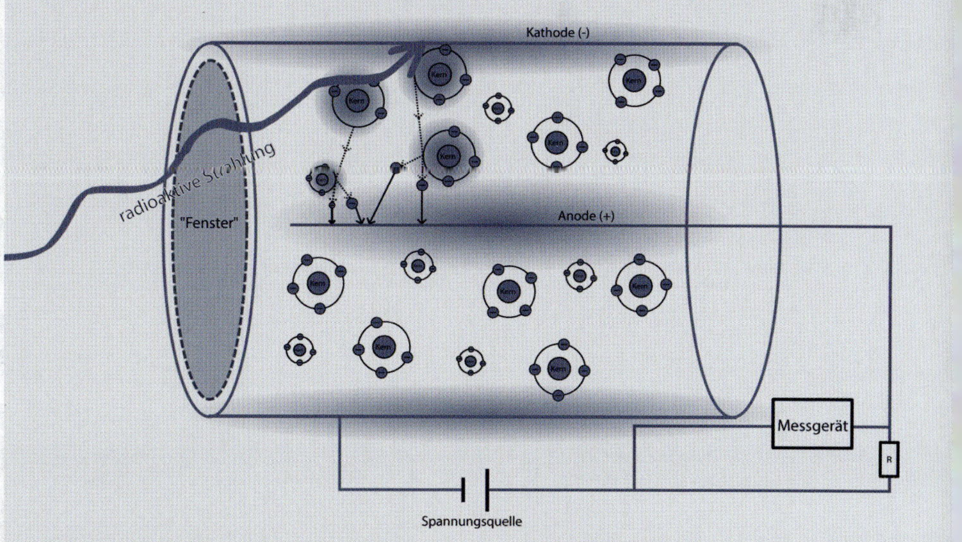

Schematische Zeichnung zur Funktionsweise eines Geigerzählers: Strahlung radioaktiver Substanzen ionisiert die Gasatome im Geigerzähler. Dadurch fließt ein Strom, der akustische oder visuelle Signale erzeugt.

Aus edelstem Rohmaterial hergestellt
Heissvulkanisiert
5 Jahre lagerfähig
Fromms
ELFENBEINFARBIG
Aus edelstem Rohmaterial hergestellt
Heissvulkanisiert
5 Jahre lagerfähig
Fromms
TRANSPARENT
EINGETR. WARENZEICHEN

Das Kondom

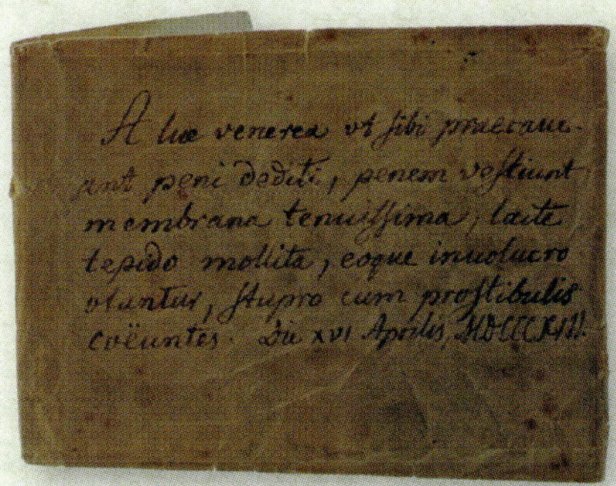

Ein handgefertigtes Kondom aus Tierdarm mit Bändern aus Seide wie dieses von 1813 konnte sich nicht jeder leisten. Eine Anleitung auf Latein garantiert den korrekten Gebrauch.

Vom armen Schlucker zum Unternehmer: die Erfolgsgeschichte des Julius Fromm

„Schreiben Sie: Die Konkurrenz platzt."
Fromm zu seinem Marktanteil von 90 Prozent

Die Geschichte vom Aufstieg des Julius Fromm zum Großunternehmer im Berlin der 1920er-Jahre erinnert an die Story vom Tellerwäscher zum Millionär. Sie endet jedoch tragisch in der schwärzesten Zeit Deutschlands.

Julius Fromm kam 1883 im 100 Kilometer östlich von Posen gelegenen Konin im jüdischen Viertel zur Welt. Ursprünglich hatten ihm seine Eltern den Namen Israel gegeben. Viele Juden lebten damals in dem von Armut geprägten „Schtetl". Als Julius zehn Jahre alt war, wanderten die Eltern mit ihm und seinen Geschwistern aus und bezogen im Berliner Scheunenviertel in der Mulackstraße eine kleine Wohnung. Um 1900 war das Scheunenviertel (heute der Raum zwischen Hackeschem Markt und Rosa-Luxemburg-Platz) allerdings ein finsterer Ort. Der Vater hielt die Familie über Wasser, indem er zu Hause Zigaretten drehte, die Julius des Nachts in Kneipen verkaufte. Abends besuchte Julius Chemiekurse. Nach dem Tod der Eltern sorgte Julius für seine Geschwister und für seine Frau, richtete 1912 in einem Hinterhof im Bötzowviertel im Prenzlauer Berg eine Werkstatt ein und begann, mit Naturkautschuk zu experimentierten. 1914 eröffnete er seine Firma „Israel Fromm, Fabrikations- und Verkaufsgeschäft für Parfümerie und Gummiwaren".

Dort gelang ihm die entscheidende Innovation: Er tauchte Glaskolben in verflüssigten Naturkautschuk und vulkanisierte den Überzug. Fertig war das transparente, dünnwandige Kondom, erstmals ohne Naht. Das Verfahren brachte er zur industriellen Reife und gründete 1916, mitten im Ersten Weltkrieg, die Fromms Act Gummiwerke GmbH. Sein Markenkondom Fromms Act fand reißenden Absatz.

Die lange Geschichte des Präservativs

Die Idee, mithilfe eines Überzugs zu verhüten, kam natürlich nicht erst im 20. Jahrhundert auf. Das Kondom hat eine wechselvolle Geschichte, die vermutlich bis nach Ägypten und in die griechische Antike zurückgeht. Nutzte man(n) zunächst Blasen von Ziegen und anderen Tieren, kamen mit der Zeit auch Schafdärme in Gebrauch. Die Japaner verwendeten Hüllen aus Tierhaut. Im 16. Jahrhundert verbreitete sich die Syphilis. Ein italienischer Arzt soll 1554 mit Arzneien getränkte Leinensäckchen als Schutz gegen die Infektionskrankheit entwickelt haben. Im 17. Jahrhundert griff man wieder zu Tierdärmen oder Fischblasen. Der englische Hofarzt Dr. Condom, der in Diensten von Charles II. stand, soll Hammeldärme empfohlen haben. Vermutlich war er auch Namensgeber des noch nicht

Julius Fromm stellte die ersten dünnwandigen Kondome ohne Naht her und begründete ein sehr erfolgreiches Unternehmen, bis das düsterste Kapitel der deutschen Geschichte anbrach.

allzu weit verbreiteten Überzugs. Die von Hand hergestellten Kondome wurden nach Gebrauch natürlich nicht weggeworfen, dazu waren sie zu wertvoll. Auch Giacomo Casanova soll die sogenannten Overcoats benutzt haben, um sich bei seinen Vergnügungen vor Syphilis zu schützen.

Die Methode des Vulkanisierens, die auch Julius Fromm anwandte, hatte der US-amerikanische Chemiker Charles Goodyear im Jahr 1839 für den Pflanzensaft Kautschuk entwickelt, um Gummi herstellen zu können, das wasser-, wärme- und kältefest war. Diese Erfindung erwies sich nicht nur als bahnbrechend für die Herstellung von Autoreifen – Goodyear entwickelte 1855 das erste Gummi-Kondom, allerdings zwei Millimeter dick und mit Naht. George Bernard Shaw soll das Gummi-Kondom als die größte Erfindung des 19. Jahrhunderts bezeichnet haben.

Fromms Erfolg

Das nahtlose, hauchdünne Kondom Fromms war gegenüber dem eher einem Fahrradschlauch ähnelnden Überzieher Goodyears ein erheblicher Fortschritt. In den Jahren des Ersten Weltkriegs gehörten Präservative zur Grundausstattung im Gepäck deutscher, französischer und britischer Soldaten. In Soldatenbordellen herrschte Kondomzwang. Die USA zeigten sich in solchen Dingen knausriger, weshalb US-Soldaten angeblich häufiger von Krankheiten sowie von ungewolltem Kindersegen betroffen waren.

Die Goldenen Zwanziger brachten die sexuelle Freizügigkeit mit sich. In Großstädten stieg die Nachfrage nach Verhütungsmitteln, für die „nahtlosen, transparenten Spezialmarken" eröffnete sich ein Riesenmarkt. Schon 1919 produzierte Fromm pro Tag 150 000 Kondome. Das Dreierpack gab es für 72 Pfennige. Aus dem Zuwanderer war ein Großunternehmer geworden, der 1919 eine Villa am Nikolassee bezog. Bald wurden die „Frommser" zum Synonym für die praktischen Gummis. Sie waren inzwischen so bekannt, dass Berliner Kabaretts in eindeutigen Sätzen wie „Fromms zieht der Edelmann beim Mädel an" oder „Wenn's euch packt, nehmt Fromms Act" darauf anspielten – beste Reklame für Fromm, da sich die „offizielle" Werbung für das Produkt allein auf Krankheitsverhütung beziehen durfte.

1928 war die Produktion über die 1922 errichtete Fabrik in Berlin-Friedrichshagen hinausgewachsen. Fromm erwarb ein wenige Kilometer vom alten Standort entferntes Grundstück von 16 000 Quadratmetern in der Friedrichshagener Straße 38/39 in Köpenick und beauftragte die Architekten Arthur Korn und Siegfried Weitzmann mit dem Bau eines modernen Fabrikgebäudes. National und international fand der Entwurf große Zustimmung und schaffte es als Prototyp der modernen Fabrik 1931 in die Zeitschrift „Bauwelt", die ihn als „imposant" und „einzigartig" lobte.

In den Zwanzigerjahren brach sich sexuelle Freizügigkeit Bahn. Die „Frommser" fanden reißenden Absatz.

Die dunkle Zeit bricht an

Angesichts des zunehmenden Antisemitismus drängte Fromm seine Söhne, ins Ausland zu gehen. Für sich selbst sah er 1933 noch keine persönliche Bedrohung. „Die Hitlers kommen und gehen", meinte er – und irrte. Auch das 1934 gegen ihn eingeleitete Verfahren mit dem Ziel, ihm die

Staatsbürgerschaft zu entziehen, ließ ihn die Gefahr nicht erkennen. Er arrangierte sich und ließ in der Werkskantine eine Hakenkreuzfahne aufhängen. Infolge zunehmender Rohstoffknappheit arbeitete er sogar mit der I. G. Farben AG zusammen an der Herstellung synthetischen Gummis.

Im Sommer 1936 geriet Fromm verstärkt in das Visier antisemitischer Hetze und musste letztlich erkennen, dass Leib und Leben in Gefahr waren. Um Deutschland verlassen zu können, beauftragte er seine Hausbank mit dem Verkauf des Unternehmens, doch die Sache zog sich in die Länge, bis Fromm gezwungen war, seine Preisvorstellungen massiv herabzusetzen. Hermann Göring wies das Reichwirtschaftsministerium im Sommer 1938 an, die Fabrik an die Patentante Görings, Elisabeth Freiin von Epenstein-Mauternburg, zum Spottpreis von 118 000 Reichsmark zu verlaufen. Der Wert der Firma lag bei etwa acht Millionen Reichsmark. „Tante Lili" bedankte sich mit zwei mittelalterlichen Burgen und sicherte Görings Schwestern und der Schwägerin aus der Fabrik eine monatliche Rente zu. Fromm emigrierte nach London, wo er am 12. Mai 1945, nur wenige Tage nach Kriegsende, verstarb.

In seine Villa am Nikolassee war ein Nazi-Oberst eingezogen, Teile des Hausrats hatte eine Offiziersgattin erworben, der Rest wurde in einer „Judenauktion" versteigert. Detailliert haben die Historiker Götz Aly und Michael Sontheimer den Verbleib des Besitzes in ihrem Buch „Fromms: Wie der jüdische Kondomfabrikant Julius F. unter die deutschen Räuber fiel" rekonstruiert.

Bei den Luftangriffen im Januar 1945 wurde die Köpenicker Fabrik zerstört. Das Friedrichshagener Werk nahm sieben Wochen nach Kriegsende die Produktion wieder auf. Nochmals wurde die Familie um ihren Besitz gebracht, indem Grundstücke und Gebäude nicht an die Familie zurückgingen, sondern in treuhänderische Verwaltung gegeben wurden, um anschließend der Stadt als „herrenloses Gut" übereignet zu werden. Julius' Bruder kämpfte nicht nur vergeblich um die Firma, er konnte auch die Hetztiraden, in denen Julius Fromm als „Ausbeuter übelster Sorte", als „Naziaktivist und Kriegsverbrecher" verunglimpft wurde, nicht verhindern. 1949 wurde die GmbH auf Grundlage des „Gesetzes zur Einziehung von Vermögenswerten der Kriegsverbrecher und Naziaktivisten" in Volkseigentum überführt. Zu dem Zeitpunkt hatte die Familie Fromm die Markenrechte bereits von einem Verwandten Görings zurückgekauft und mit der Hanseatischen Gummiwarenfabrik einen Lizenzvertrag geschlossen. Seitdem sind die „Frommser" keine Berliner mehr.

Der erfolgreiche Unternehmer Julius Fromm mit Frau und Kindern

WEIßENHOFSIEDLUNG

Der Freischwinger MR 10

Mehr als nur ein Möbel

„Es ist schwerer, einen guten Stuhl zu bauen als einen Wolkenkratzer.“
Ludwig Mies van der Rohe

Schon 1926 hatte der niederländische Architekt und Designer Mart Stam mit Stahlrohr experimentiert und einen freitragenden Stuhl ohne Hinterbeine konstruiert, einen sogenannten Kragstuhl. Dass das Ding nicht einfach nach hinten umfiel, lag an der Statik: Die bei Belastung entstehenden Kräfte wurden über die Vorderbeine in den bis zum hinteren Ende des Stuhls reichenden Bodenrahmen abgeleitet. Auf einen schwingenden Stuhl hatte Stam bei seinem Entwurf keinen Wert gelegt. Der Architekt und Designer Ludwig Mies van der Rohe empfand die von Stam entwickelte Stahlrohrkonstruktion als „unästhetisch“ – und machte es besser.

Weniger ist mehr

Ludwig Mies, 1886 als Sohn eines Steinmetzmeisters in Aachen geboren, hatte sich nach dem Besuch von Volksschule und katholischer Domschule 1899 an der Gewerbeschule Aachen (heute: Mies-van-der-Rohe-Schule, Berufskolleg für Technik) eingeschrieben. Schon hier fielen sein Zeichentalent und sein Sinn für Material auf. Seine erste Anstellung erhielt er 1903 als Stuckornamente-Zeichner. 1904 wechselte er in das Aachener Architekturbüro von Albert Schneiders und ging im Folgejahr auf Empfehlung nach Berlin, wo er zunächst bei John Martens und kurz darauf bei Bruno Paul arbeitete. Nach dem Wechsel zu Peter Behrens, dem AEG-Hausdesigner und angesehenen Pionier der sachlichen Architektur und des Industriedesigns, 1908 konnte er an bedeutenden Großprojekten mitarbeiten, lernte Walter Gropius, Hannes Meyer und Le Corbusier kennen und begann, sich mit moderner Architektur auseinanderzusetzen.

Demgegenüber war Mies' Erstlingswerk, das Landhaus Riehl in Potsdam-Babelsberg von 1907, noch ganz der Tradition verpflichtet. Es folgten das Haus Perls in Berlin-Zehlendorf im Stil des Neoklassizismus und ein Entwurf für die deutsche Botschaft in St. Petersburg 1911/12, bei der er zeitweise die Bauleitung übernahm. 1913 eröffnete er

Ludwig Mies van der Rohe, 1951

ein Architekturbüro und lebte vor allem von Villen-Projekten im Reformstil für vermögende Berliner. Bis 1917 baute er für den Mitinhaber der Deutschen Bank, Franz Urbig, in Anlehnung an Schinkel die Walmdachvilla „Haus Seefried“ am Griebnitzsee, die 1945 als „Churchill-Villa“ in die Geschichte einging.

1922 erweiterte Ludwig Mies seinen Namen um den Mädchennamen seiner Mutter „Rohe“, dem er noch ein geho-

Eine Ausstellung in Weil am Rhein 1999 zeigte die ersten von Mies van der Rohe entworfenen Freischwinger mit ihren typischen runden Beinen: Vorn steht der MR 10, links daneben der MR 20 mit Armlehnen.

benes „van der" davorsetzte. Nach dem Ersten Weltkrieg schloss sich Mies van der Rohe einer Gruppe von Künstlern an, der Berliner „Novembergruppe", die ihre Vorstellungen von moderner Kunst in Ausstellungen veröffentlichte. In den folgenden Jahren prägte sich sein später typischer Stil aus, der in der Öffentlichkeit und in der Fachwelt nicht sofort Anklang fand. Seine „Glashochhaus"- und „Eisenbeton"-Entwürfe der 1920er-Jahre waren visionär und offenbarten seine Idee des offenen Grundrisses und des fließenden Raumes. Sie sind frühe Beispiele seiner „Haut-und-Knochen"-Architektur späterer Jahre, wobei „Haut" für die Glasfassade und „Knochen" für das Stahltragwerk stehen.

1927 leitete Mies van der Rohe die vom „Werkbund" – eine aus Architekten, Künstlern, Kunsthandwerkern und Unternehmern gegründete Vereinigung – initiierte Ausstellung „Die Wohnung" in Stuttgart. Teil der Ausstellung war die in nur 21 Wochen errichtete Weißenhofsiedlung, eine der bedeutendsten Architektursiedlungen der Neuzeit mit 21 Häusern und 63 Wohnungen. Die Liste der beteiligten Architekten liest sich wie das Who's who der modernen Architektur: Vertreten waren unter anderem Peter Berens, Le Corbusier, Walter Gropius, Hans Scharoun, Bruno Taut, Ludwig Hilberseimer und Mart Stam. Das hier gezeigte „Moderne Wohnen" setzte Maßstäbe.

Der 1926 entworfene Kragstuhl von Mart Stam wies im Unterschied zu van der Rohes Freischwinger eckige Beine auf und federte nicht.

Zu dem rationalen und pragmatischen Stil gemäß dem Bauhaus-Motto „Weniger ist mehr" passten keine Spielereien, nicht außen, nicht innen. Auch Mies war mit seinem Entwurf – dem aus Stahl, Glas und Beton errichteten Block Am Weißenhof 14 bis 20 – seinen künstlerischen Leitlinien gefolgt: Funktionalität und klare Formen.

Gut bestuhlt

Mies van der Rohe war im Vorfeld der Ausstellung in Stuttgart natürlich auch Stam begegnet und hatte bei dieser Gelegenheit dessen Stuhl-Entwurf kennengelernt. 1985 erinnerte sich Sergius Ruegenberg, damaliger Mitarbeiter von Mies van der Rohe, dass dieser den Entwurf Stams auf einem Zeichenbrett skizziert und folgendermaßen kommentiert habe: „Hässlich, sowas Hässliches mit diesen Muffen. Wenn er wenigstens abgerundet hätte – so wäre es schöner." Dann habe er darüber runde Bögen gezeichnet.

Mies van der Rohe konstruierte einen Stuhl mit abgerundeten Beinen. Doch das elegantere Aussehen war nur eine Seite, denn Mies van der Rohe hatte eine weitere Vision, die den Stuhl auszeichnete und patentwürdig machte: Sein Modell sollte federn und ein Gefühl erzeugen, als „sitze man auf Luft". Erzielen ließ sich das nur, wenn die gebogenen Vorderbeine beim Hineinsetzen in den Stuhl elastisch nachgeben würden. Die Sitzfläche sollte sich leicht nach hinten und unten neigen. Mies van der Rohe experimentierte mit dünnwandigen Stahlrohren der Firma Mannesmann. Kalt geformt blieb die elastische Eigenschaft des Stahls erhalten. Die halbkreisförmige Form der Vorderbeine begünstigte den von Mies gewünschten Effekt. Der Stuhl wurde letztlich aus 25 Millimeter dünnem, gebogenem Stahlrohr gefertigt und von der Innenarchitektin und Designerin Lilly Reich mit einem Geflecht bezogen.

1926 meldete er für seinen „MR 10" in Deutschland ein Patent an. Auf der Werkbund-Ausstellung in Stuttgart wurde der „Weißenhof-Stuhl" – ebenso wie Stams Kragstuhl – erstmals öffentlich gezeigt. Der MR 10 passte perfekt ins Konzept: Mit kleinstem Aufwand ließ sich maximaler Sitzkomfort erreichen. Noch im selben Jahr folgte der „MR 20" als Modell mit Armlehnen.

Die Reaktion des Publikums auf die Weißenhofsiedlung reichte von Begeisterung bis Unverständnis. Die Stahlrohrmöbel wurden dagegen ein voller Erfolg. Stahlrohr avancierte zum Trend der 1930er-Jahre, der wippende Stuhl wurde zum Inbegriff modernen Wohnens.

Streit um den Möbel-Klassiker

Im selben Jahr stellte Mies van der Rohe in Amerika einen Patentantrag. Hier hatte bereits 1922 Harry E. Nolans einen Entwurf eines freischwingenden Gartensessels angemeldet, der jedoch nie hergestellt worden war. Mies van der Rohe baute einen Prototyp dieses Nolans-Freischwingers und wies nach, dass dieser nicht federte. Kurz darauf erhielt er das amerikanische Patent für den „MR 10".

In Deutschland kam es zu mehreren Prozessen um die Urheberschaft des Freischwingers. Dem Ansatz, dass ein Stuhl eine rein technische Erfindung ohne Möglichkeit auf Urheberrecht sei, schlossen sich die Richter des Deutschen Reichsgerichts 1932 nicht an und sprachen Stam eine künstlerische Urheberschaft für den „kubischen, hinterbeinlosen Stuhl" zu. 1936 konnte Mies van der Rohe sein Patent jedoch ebenfalls verteidigen, da ihm vor allem die Rechte auf die Erfindung der Federung zugesprochen wurden.

Die Weißenhof-Ausstellung hatte große internationale Aufmerksamkeit erzielt. Für Mies van der Rohe brachte sie einen wichtigen Folgeauftrag: Zusammen mit Lilly Reich, später erste Frau im Vorstand des Werkbundes, entwarf er den deutschen Pavillon für die Weltausstellung in Barcelona 1929. Seither galt er als *der* Architekt der Moderne. Mies van der Rohe wurde 1930 zum Direktor der Hochschule für Gestaltung in Dessau, des legendären Bauhaus, berufen, das der nationalsozialistisch dominierte Stadtrat von Dessau jedoch bereits zwei Jahre später schloss. 1938 emigrierte Mies van der Rohe in die USA, eröffnete 1939 ein Architekturbüro in Chicago und übernahm am Institute of Technology in Illinois die Architektur-Abteilung. Er entwarf berühmte Stahlkonstruktionen wie das Seagram Building in New York oder die Neue Nationalgalerie in West-Berlin. Am 17. August 1969 verstarb er in Chicago.

Funktionalität und klare Formen: Diesen Kriterien entspricht Mies van der Rohes architektonischer Beitrag auf der Werkbund-Ausstellung in Stuttgart. Die Weißenhofsiedlung steht seit 1958 unter Denkmalschutz.

Der Knirps

Kleiner Kerl ganz groß

„Regen entsteht beim Zusammentreffen von Hochdruckgebieten mit Kaltluftfronten und feuchten Luftmassen – mit einem Wochenende.“

Ephraim Kishon

… und dann ist es besser, man hat einen Schirm – in der Tasche.

Die Idee zum kleinen Bruder des Stockschirms war aus der Not heraus geboren. Der Erfinder des „Knirps“, der gebürtig aus Breslau stammende Bergassessor Hans Haupt in Berlin, musste aufgrund einer Kriegsverletzung aus dem Ersten Weltkrieg stets einen Gehstock benutzen. Bei Regen noch dazu einen großen Schirm mitzuführen, war in hohem Maße unpraktisch.

Schirme an sich existieren schon lange. In den frühen Hochkulturen sowie im europäischen Mittelalter dienten sie den Herrschern als Hoheits- und Statussymbol. Im 16. Jahrhundert entdeckten die Damen von Welt den Schirm für sich als Schutz gegen die Sonne. Das dem Lateinischen entlehnte „Umbra“ bedeutet Schatten, „umbrella“ ist demzufolge ein kleiner Schatten.

Den Stockschirm als tragbaren Regenschutz zu verwenden, war – wen wundert's – die Idee eines Engländers. Der Kaufmann Jonas Hanway etablierte den Regenschirm im 18. Jahrhundert als unabdingbares Utensil eines Gentlemans. Er entwickelte Modelle aus Holzstäben und Fischbein, die allerdings das stattliche Gewicht von zehn Pfund auf die Waage legten. Zu berühmten Schirmträgern gehörte unter anderem der Herzog von Wellington, der Sieger von Waterloo. Er besaß angeblich eine Spezialanfertigung aus Wachsleinwand mit einem im Griff versteckten Degen. 1852 stattete ein anderer Engländer, Samuel Fox aus Sheffield, seine Schirme mit einem Stahlgestell aus. Sie wurden dadurch bereits um einiges leichter.

Hans Haupt in späteren Jahren mit einem Knirps

Der Knirps findet seinen Schirmherrn

Die langen Dinger waren für Hans Haupt dennoch ein Ärgernis. 1928 machte Haupt aus seiner Not eine Erfindung. Er entwickelte einen Schirm, der in jede Tasche passt. Schon im 19. Jahrhundert hatten

Schirme gibt es seit der Antike. Nicht immer dienten sie dem Schutz vor Regen. Mit dem Knirps trat 1928 das beliebte Schirmchen für die Handtasche auf das regennasse Parkett.

sich Schirmfabrikanten an Klappvarianten gewagt. Diese Taschenschirme hatten eines gemeinsam: Sie funktionierten nicht. Haupt konstruierte ein Schirmmodell, bestehend aus einem teleskopartig zusammenzuschiebenden Stock sowie geteilten Spannstreben, die sich beim Öffnen durch die Hebelwirkung der Querstreben entfalteten. Dadurch ließ sich die Größe des Regenschutzes etwa um die Hälfte halbieren. Seiner Erfindung gab er den Namen „Knirps" – kleiner Kerl. Noch im gleichen Jahr meldete er seinen „Teleskop-Taschenschirm" beim Reichspatentamt in Berlin an, das ihm sein Patent aber erst 1934 bewilligte.

Nun brauchte er einen Produzenten für sein Teleskopgestell. Seine Nachfrage in der Branche ging erst einmal ins Leere. Nicht marktfähig sei der Knirps, erklärte man ihm. Nur ein in Solingen bei Düsseldorf ansässiges Unternehmen sah eine Zukunft für Haupts Erfindung. Die Firma Bremshey unterstützte Haupt und ließ den Knirps als Warenzeichen eintragen. 1932 begann Bremshey mit der Serienfertigung eines Knirps-Damenschirms.

Der Juniorchef Fritz Bremshey hatte sich ein innovatives Werbekonzept einfallen lassen, um die neugierigen, aber noch misstrauischen Kunden davon zu überzeugen, dass der kleine Bruder des großen Schirms zuverlässig sei. In den Schaufenstern der Schirmverkaufsstellen führten Verkäuferinnen, die sich selbst hinter

Mit diesem Knirps fing alles an: der Erstling unter den Taschenschirmen 1928

Paravents versteckten und von denen man nur die Hände sah, den Knirps vor: Sie klappten ihn auf und zu, verstauten ihn in der Tasche, um ihn gleich darauf wieder hervorzuzaubern. Die Menschen sollen sich die Nasen an den Schaufensterscheiben platt gedrückt haben.

Ebenfalls 1932 gründeten Haupt und Bremshey das Knirps-Konsortium zur umfassenden Vermarktung des Teleskopgestells. Führende deutsche Schirmfabrikanten kauften nun Knirps-Gestelle und bezogen sie mit ihren eigenen Stoffen. Einheitliche Preise und gemeinsame Werbung sicherten dem Knirps Marktanteile. Mit 12,50 Reichsmark für einen Damen-Knirps lag der Preis allerdings im oberen Segment – der wöchentliche Netto-Durchschnittsverdienst eines Fabrikarbeiters lag bei 25,70 Reichsmark. 1938 folgte die Produktion des Minischirms für den Herrn.

Das Star-Schirmchen der 50er und 60er

Die Kriegsjahre waren schlechte Zeiten für nicht kriegsnotwendige Produkte. 1946 konnte Bremshey die Herstellung der kleinen Knirpse wieder aufnehmen. Der Knirps boomte in den 1950er-Jahren, in den Zeiten des Wirtschaftswunders – zum Ärger der Konkurrenz. So hieß es in einer Werbung für Stockschirme: „Mit Schirm ein Herr, mit Knirps ein Knirps." Bremshey konterte, der Knirps sei „sportlich und gediegen" und „ein wertvolles Geschenk für den Herrn mit eigener Note", und investierte in Werbekampagnen mit Prominenten, beispielsweise der Fernsehansagerin Petra

Schürmann, die 1956 zur schönsten Frau der Welt gekürt worden war. Man erfuhr, dass sich im Knauf ihres Minischirms Lippenstift, Parfum und Strumpfhose unterbringen ließen. Bremshey entwickelte Luxusvarianten des Knirps, die werbewirksam unter anderem an das Weiße Haus oder an Kronprinzessin Beatrix aus den Niederlanden geliefert wurden, damit diese „bei Knirps-Wetter – immer mit Knirps" geschützt sei. Natürlich gab es unterdessen für die automobilverrückte Gesellschaft der 1950er- und 60er-Jahre noch kleinere und handlichere Spezial-Knirpse fürs Auto, die man dort als Zweitschirm deponieren konnte, um immer „trocken ans Ziel" zu kommen.

In den 1970er-Jahren lösten knallige Schirmfarben und fantasievolle Muster das triste Grau und Schwarz ab. Auch die Form änderte sich: Das Schirmchen wurde schlanker, leichter, flacher. Die Produktfamilie hörte auf Namen wie „Star-Knirps", „Starlett" oder „Mini Mini". Der kleine Schirm gehörte zu den Standardgeschenken bei festlichen Gelegenheiten wie Konfirmation, Geburtstag oder Weihnachten – ein Knirps ging immer. 1965 kam der erste Automatik-Knirps auf den Markt, der sich auf Knopfdruck öffnen ließ.

Aber bereits in den 1960er-Jahren bekam Bremshey die Konkurrenz von Billigmarken zu spüren. Um ihn unverwechselbar zu machen, erhielt der Knirps 1969 seinen typischen roten Punkt und war fortan „Der mit dem roten Punkt. Original Knirps".

Stürmische Zeiten

Anfang der 1980er-Jahre konnte der Knirps der Billigproduktion aus Fernost nicht mehr standhalten. Die Firma musste 1982 Konkurs anmelden. Die Produktion des Schirmchens übernahm ein anderes Unternehmen aus Solingen – ebenfalls ohne Erfolg. Management- und Marketingfehler brachten die Traditionsmarke Knirps mehrfach an den Rand der Pleite, bis sich die 2003 gegründete Firma Knirps wieder auf Marke und Tradition konzentrierte. 2004 gingen die Markenrechte an die österreichischen und schweizerischen Schirmhersteller Doppler und Strotz. Derzeit werden 500 000 Knirpse pro Jahr produziert – für den deutschen Markt bevorzugt mit „vorsichtigen Mustern", für den japanischen in Pastellfarben, für den russischen auch mit Sterling-Silber, Swarovski-Kristallen oder Nerz. Der beliebteste ist jedoch noch immer der klassische schwarze Knirps. 2003 wurde der „kleinste Knirps aller Zeiten" entwickelt, der Knirps X1.

Wer bei Regen und Wind von einem wenig standhaften Schirm im Stich gelassen wird, kehrt manchmal zum standhaften Knirps zurück. Der wird sogar im Windkanal erprobt. Bei starkem Wind klappt der Schirm zwar um, das Gestänge wird dabei aber nicht beschädigt. Sollte der Knirps doch einmal Schaden nehmen, kann man ihn zur Reparatur bringen. Seine Billig-Kollegen landen dagegen nicht recycelbar im Müll.

Bei „Knirps-Wetter" immer dabei: der Minischirm. Werbung aus dem Jahr 1950

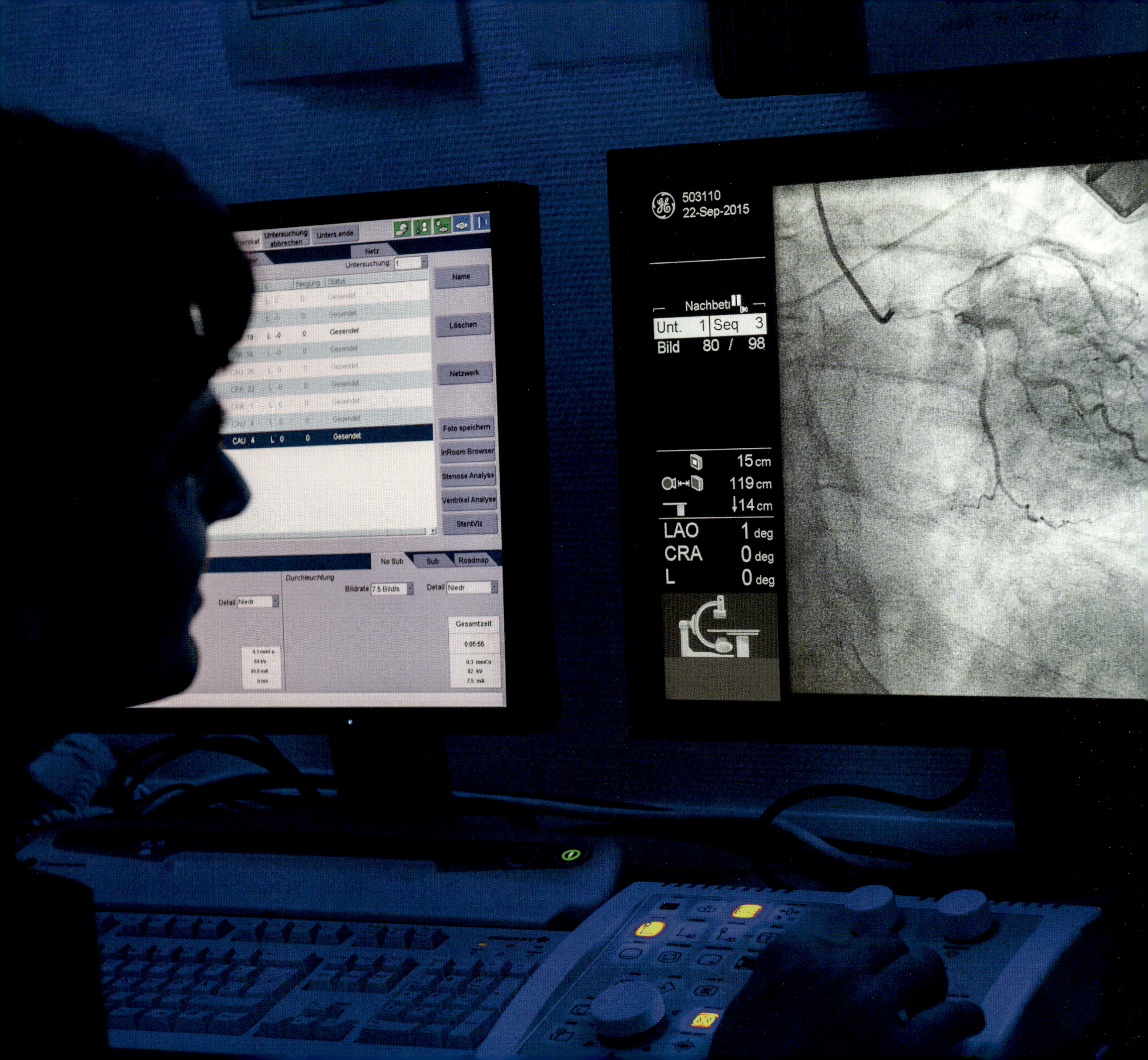
Untersuchung abbrechen
Unters.ende
Netz
Untersuchung: 1
Name
Löschen
Netzwerk
Foto speichern
InRoom Browser
Stenose Analyse
Ventrikel Analyse
StentViz
No Sub
Sub
Roadmap
Durchleuchtung
Bildrate 7.5 Bild/s
Detail Niedr
Gesamtzeit
0:05:55
503110
22-Sep-2015
Nachbet
Unt. 1 Seq 3
Bild 80 / 98
15 cm
119 cm
14 cm
LAO 1 deg
CRA 0 deg
L 0 deg

Der Herzkatheter

Bahnbrechende Erfindung im Selbstversuch

„Mit solchen Kunststückchen habilitiert man sich in einem Zirkus und nicht an einer anständigen deutschen Klinik!“

Ferdinand Sauerbruch über Werner Forßmanns Selbstversuch

1956 erhielt Werner Forßmann für seinen Selbstversuch der Katheterisierung des Herzens den Nobelpreis – später Ruhm für ein bereits 1929 durchgeführtes Experiment, das zur Grundlage der modernen Herzdiagnostik werden sollte.

Werner Forßmann wurde 1904 in Berlin geboren. Sein Vater starb im Ersten Weltkrieg, als Werner zwölf Jahre alt war, und so zog ihn seine Mutter allein groß. Kontakt zur Medizin hatte Forßmann bereits in jungen Jahren durch seinen Onkel, der Landarzt in Altstrelitz war. Es war jedoch Forßmanns Lehrer, der ihn darauf brachte, Arzt zu werden, nachdem er ihn zu sich zitiert hatte:

„So, Herr Forßmann, sie wollen also Kaufmann werden. Da will ich Ihnen eins sagen: Wenn sie Kaufmann werden, verdienen alle Leute Geld, bloß sie nicht! Zum Kaufmann werden sind sie viel zu dämlich, sie müssen studieren, studieren sie Medizin!“

1922 schrieb sich Forßmann zum Medizinstudium an der Berliner Friedrich-Wilhelms-Universität (heute Humboldt-Universität) ein.

Eine Herzensangelegenheit

Bereits im Studium wurde ihm klar, dass er für eine medizinische Karriere auf sich aufmerksam machen müsse. Und so verfolgte er oftmals recht unorthodoxe

Der französische Wissenschaftler Auguste Chauveau führte im 19. Jahrhundert Herzkatheteruntersuchungen an Pferden durch.

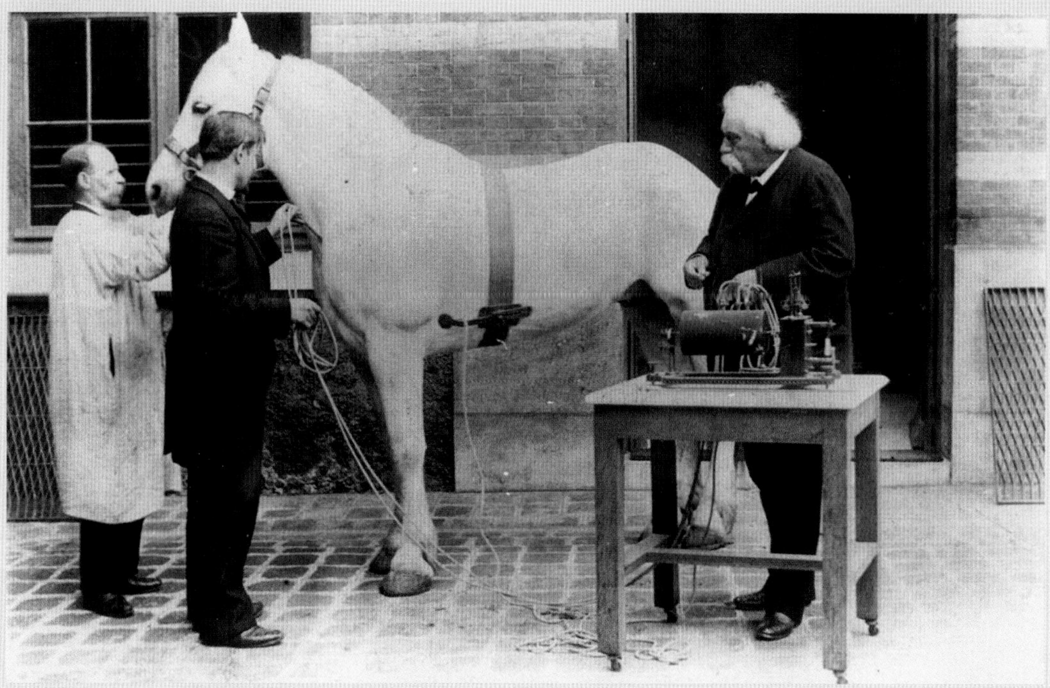

Werner Forßmann legte die Grundlagen der Herzkatheteruntersuchung, heute ein Standardverfahren in der Medizin: Am Monitor verfolgt ein Kardiologe die Einführung eines Herzkatheters.

Methoden. Für seine Dissertation „Über die Wirkung der Leberfütterung auf das rote Blutbild und den Cholesterinspiegel im Serum des gesunden Menschen" hatte er sich selbst und ein paar seiner Kommilitonen als Versuchskaninchen eingesetzt. Täglich tranken sie einen Liter Schweineleberbrühe, um die daraus resultierenden Blutveränderungen zu untersuchen.

Nach seiner Promotion begann er als Chirurg an einer Spandauer Frauenklinik zu arbeiten, wo er durch eine harte Schule ging: Septische Erkrankungen, Kindbettfieber und Fehlgeburten waren alltäglich. Nach einem Vierteljahr wechselte Forßmann an die Auguste-Victoria-Klinik in Eberswalde (heute Werner-Forßmann-Krankenhaus). Obwohl ihm der Leiter der Klinik Untersuchungen und Operationen anvertraute, empfand sich der 25-Jährige an der kleinen brandenburgischen Klinik auf dem akademischen Abstellgleis.

Das Herz hatte ihn bereits als Student fasziniert. Um Herzkrankheiten zu diagnostizieren, gab es jedoch nur wenige Methoden: das Beklopfen und Abhorchen des Patienten, die Röntgenaufnahme und die Elektrokardiografie (EKG). Aber kein Weg führte bis dahin direkt ins Innere des Herzens, um zum Beispiel Medikamente zuführen zu können oder für aufschlussreichere Röntgenbilder Kontrastmittel zu injizieren. Bislang gab es Versuche mit Herzkathetern nur an Hunden und Pferden, die französische Ärzte vorgenommen hatten. Forßmann hatte anhand von Autopsien festgestellt, dass sich diese Methode auf den Menschen übertragen ließ, dass man also eine Sonde vom Oberarm bis zum Herz führen konnte. Versuche an lebenden Menschen lehnte Forßmanns Chef jedoch rigoros ab. Forßmann setzte sich darüber hinweg und wagte den Selbstversuch.

Gewagtes Experiment

Der Versuch ist zum Stoff der Legendenbildung geworden. Von Forßmann selbst existieren mehrere Schilderungen, wie der Versuch abgelaufen ist. Aber ob er nun Hilfe hatte oder das Experiment ganz allein vorgenommen hat – Fakt ist, dass er sich im Spätsommer 1929 einen Harnkatheter über die Ellenbeugenvene eingeführt und ihn bis zum Herzen vorgeschoben hat. Mit dem bereits eingeführten Katheter war er dann in den Keller bis zur Röntgenabteilung geeilt, um eine Aufnahme anzufertigen, die zweifelsfrei zeigte, dass die Spitze des Katheters im rechten Vorhof des Herzens gelandet war.

Sein Chef war außer sich, weil sich Forßmann seinen Anweisungen widersetzt und sich einem lebensgefährlichen Experiment unterzogen hatte. Dennoch musste er eingestehen, dass Forßmann bewiesen hatte, dass die Herzkatheterisierung beim Menschen möglich und vergleichsweise ungefährlich war. Er verschaffte Forßmann eine Stelle an der von

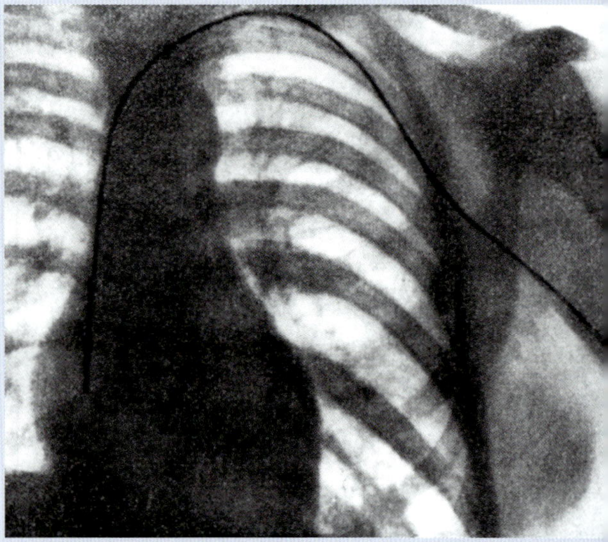

Das legendäre Röntgenbild zeigt den Herzkatheter, den sich Forßmann im Selbstversuch 1929 eingeführt hat.

Ferdinand Sauerbruch geleiteten Chirurgischen Klinik der Berliner Charité. Bis dahin hatte Forßmann weitere Selbstversuche unternommen, so die Gabe einer Jod-Natrium-Lösung durch den Katheter, um zu zeigen, dass das Herz Kontrastmittel verträgt.

Am 5. November 1929 erschien sein Aufsatz „Über die Sondierung des rechten Herzens" in der „Klinischen Wochenschau". Doch trotz seiner bahnbrechenden Entdeckung stieß Forßmann auf Desinteresse und Missbilligung in der Fachwelt. Nur die Boulevardpresse berichtete begierig über den Eingriff. Da Eingriffe am Herzen noch immer ein Tabu und eine „an Frivolität grenzende Vermessenheit" waren, war für Sauerbruch damit das Maß voll. Er warf Forßmann hinaus.

Nobelpreisverdächtig

Forßmann ging nach Eberswalde zurück. 1931 erhielt er die Möglichkeit, bei der Jahrestagung der Deutschen Gesellschaft für Chirurgie von seiner Entdeckung zu berichten. Er bekam jedoch nur vier Minuten Redezeit und war der letzte Vortragende. Kein Wunder, dass seine Forschungsergebnisse in den darauffolgenden Jahren in Vergessenheit gerieten. Forßmann trat bereits 1932 der NSDAP und dem Nationalsozialistischen Deutschen Ärztebund bei und arbeitete in den darauffolgenden Jahren an verschiedenen Kliniken in Berlin, Mainz und Dresden, darunter kurzzeitig auch wieder bei Sauerbruch. Ab 1937 war er Oberarzt für Chirurgie am Krankenhaus Moabit.

1939 meldete er sich zur Wehrmacht, erhielt mit Kriegsbeginn seine Einberufung und wurde als Sanitätsoffizier für Chirurgie eingesetzt. Im Herbst 1942 wurde er vom Dienst an der Front befreit. Nach einer Zwischenstation in Berlin ging er als Klinikleiter an das Städtische Krankenhaus Potsdam und wurde auch bei Hinrichtungen im Zuchthaus Brandenburg-Görden hinzugezogen, um die Todeszeitpunkte festzustellen. Der dortige Leiter hatte Forßmann das Angebot unterbreitet, diesem genügend Patienten für eine Habilitation über Herzkatheterisierung zur Verfügung zu stellen. Forßmann lehnte ab. Die letzten Kriegsjahre arbeitete er als Sanitätsoffizier und Chirurg in Neuruppin.

Nach kurzer Zeit in amerikanischer Kriegsgefangenschaft kehrte Forßmann im Oktober 1945 zu seiner Familie zurück, die in den Schwarzwald gezogen war. Nachdem er aufgrund seiner NSDAP-Mitgliedschaft drei Jahre lang nicht in seinem Beruf hatte arbeiten dürfen, praktizierte er zunächst als Landarzt und ab 1948 als Urologe in Bad Kreuznach. Hier erfuhr er am 18. Oktober 1956 von der ihm zugedachten Nobelpreisehrung, die er sich gemeinsam mit den amerikanischen Medizinern André Frédéric Cournand und Dickinson Woodruff Richards teilte. In Bad Kreuznach hatte sich Forßmann nicht weiter mit der Kardiologie beschäftigt und deshalb auch nicht mitbekommen, dass Cournand und Richards auf seinen Arbeiten aufgebaut und die Katheterisierung zu einem klinischen Standardverfahren weiterentwickelt hatten. Den Nobelpreis für die „Entdeckungen zur Herzkatheterisierung und zu den pathologischen Veränderungen im Kreislaufsystem“ erhielten die drei Mediziner am 10. Dezember 1956 in Stockholm.

Kurz zuvor hatte die Johannes Gutenberg-Universität Mainz Forßmann zum Honorarprofessor für Chirurgie berufen. Eine Chefarztstelle in Düsseldorf ab 1958 war die letzte Station seines Arbeitslebens. 1969 kehrte er in den Schwarzwald zurück und schrieb seine Autobiografie „Selbstversuch“. 1979 wurde Forßmann das Organ, dem er seinen Ruhm verdankte, zum Verhängnis: Er starb an einem Herzinfarkt.

1956 erhielt Werner Forßmann, der zu dem Zeitpunkt in Bad Kreuznach arbeitete, den Nobelpreis.

Die Spalttablette

Kopfschmerz entsteht. Kopfschmerz vergeht.

„Fernsehen ist fabelhaft. Man bekommt nicht nur Kopfschmerzen davon, sondern erfährt in der Werbung auch gleich, welche Tabletten dagegen helfen.“

Bette Davis

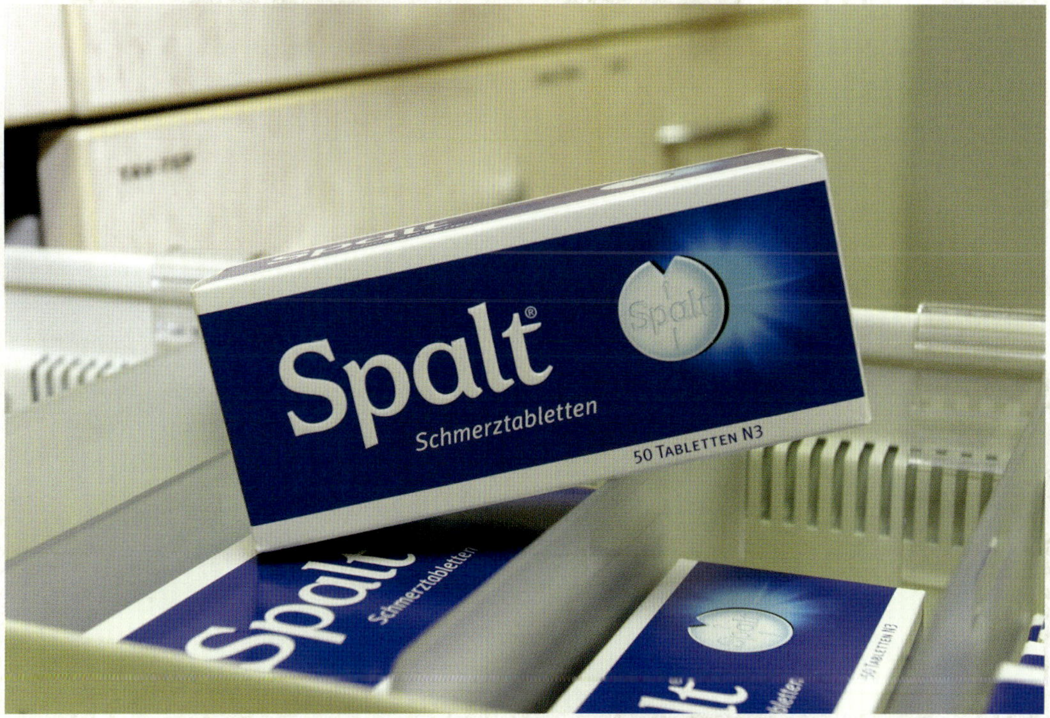

Spalttabletten: das Universalheilmittel gegen Kopfschmerz und andere Beschwerden

Der Industrielle Max Baginski kam Anfang der 1930er-Jahre auf die Idee, der von ihm vertriebenen Schmerztablette einen Spalt zu verpassen. So soll er seinen Chemiker gefragt haben: „Sagen se mal, Meester, könn' se en Loch inne Tablette machen, oder ne Kerbe, oder sonst wat, det man im Dunkeln fühlen kann, wat es is?“ – Und der „Meester“ konnte. Zum 75. Jubiläum der Spalttablette 2007 erschien sogar eine Festschrift.

Baginski, der Universal-Erfinder

Leo Maximilian Baginski, 1891 in Kolmar in Posen (Chodzież) geboren, verbrachte nach dem frühen Tod seines Vaters die Schuljahre bei Verwandten in Schneidemühl (Piła). Bei der Mutter konnte er nicht bleiben, denn sie hatte weitere sechs Kinder zu versorgen. Nach der Schulzeit absolvierte Max in Berlin eine kaufmännische Lehre und arbeitete anschließend in der Friedenauer Firma Scheik & Gladow. Schon damals hatte ihn der Erfindergeist gepackt, und so bereicherte der erst 17-Jährige die Welt 1908 mit dem „Universal-Flaschenverschluss“. Er ließ sich seine Erfindung patentieren, kündigte kurz darauf seine Stellung und gründete mit der ETA Chemisch-Technische Fabrik GmbH eine eigene Firma in Berlin, um das Patent zu vermarkten. Bereits 1912 übernahm er die Fabrik „Dr. Ballowitz & Co.“, die Heilmittel herstellte.

Von Kopfschmerzen geplagt: Werbung aus den 1950er-Jahren suggeriert, dass man nur eine Tablette zu schlucken braucht, um wieder zu strahlen.

Während Baginski im Ersten Weltkrieg als Soldat in Russland Dienst leisten musste, führten seine Schwestern beide Firmen weiter. Als er nach Kriegsende zurückkehrte, wurde er prompt zum Geheimen Komissionsrat ernannt, ein Ehrentitel, den Geschäftsleute erhielten, die sich um das Gemeinwohl verdient gemacht hatten.

Baginskis nächste Erfindung folgte auf den Fuß: Mit dem Massagegerät namens „Punktroller" mit seinen zahlreichen Kautschuksaugnäpfen sollte man sogar Fettleibigkeit behandeln können, indem man das Utensil einfach über die betreffenden Problemzonen rollerte. Der Punktroller brachte Baginski das notwendige Geld, um 1925 ein großes Firmengelände in der Pankower Borkumstraße zu erwerben, wo sich seine zwei Unternehmen ansiedeln konnten. Mit dem Arzt und Immunologen Professor Hans Much, damals Direktor des Instituts für Serologie und experimentelle Therapie am Krankenhaus in Hamburg-Eppendorf, holte sich Baginski 1931 einen Partner ins Boot, um am neuen Standort eine dritte Firma, die „Prof. Dr. med. Much'sche Präparate GmbH", zu gründen. Später kamen weitere Tochtergesellschaften hinzu. Zu den Produkten, die auf dem Pankower Firmengelände produziert wurden, gehörten Muchs Entwicklungen, darunter eine Kopfschmerztablette, bestehend aus den Arzneibestandteilen Salicylamid, Phenyldimethyl-pyrazon-salicyat, Coffein und Mandelsäurebenzylester – die „bittere Pille" war eine nicht ungefährliche Mischung.

Ein einträgliches Geschäft

Schmerzmittel waren in diesen Jahren ein gutes Geschäft. Die bereits bekannten Nebenwirkungen und entsprechenden Warnungen der Ärzte verpufften unter den Versprechungen für die Patienten und den finanziellen Verheißungen für die Hersteller. Kaiser Wilhelm II. hatte noch versucht, den Verkauf zu reglementieren, indem er eine „Drogenliste" aufstellen ließ. Diese legte fest, dass (a) Heilmittel ausschließlich in Apotheken verkauft werden dürfen und (b) Wirkstoffe in ihrer reinen Form ebenfalls apothekenpflichtig seien. Schmerzmittel waren unter beiden Punkten gelistet. Aber Hersteller und Drogisten argumentierten bald, dass gemischte Wirkstoffe wie in Schmerzmitteln nicht „rein" seien und somit nicht unter Punkt b fielen. Die Hersteller behaupteten zudem, dass Schmerzmittel vorbeugend eingesetzt werden und somit auch nicht unter Punkt a zu listen seien. Sie bekamen Rückenwind mit der Entscheidung des Oberlandesgerichts Breslau vom 10. März 1914, nach der Vorbeugungsmittel nicht heilen, also nicht auf die kaiserliche Liste gehörten und deshalb frei verkäuflich sein müssten. Als wiederum das Landesgericht Potsdam am 25. November 1938 entschied, dass Schmerzen eine Krankheit und Schmerzmittel deshalb Heilmittel seien, war der Markt bereits voll mit entsprechenden Angeboten.

Tablettenherstellung in den 1950er-Jahren

Auch Baginski wollte seinen Anteil daran. Um seine Tablette unverwechselbar und somit patentwürdig zu machen, verfiel er auf die Idee mit dem Spalt. Voraussetzung für die Eintragung einer neuen Marke war nämlich, dass sie sich von anderen Marken unterschied oder – juristisch korrekt formuliert – die Eigenschaft besaß, „vom Verkehr als Unterscheidungsmittel für die von der Marke erfassten Produkte eines Unternehmens gegenüber den Produkten anderer Unternehmen aufgefasst zu werden". Möglicherweise sollte der Spalt auch tatsächlich dazu dienen, dass man die Tablette nachts besser ertasten könne. Werbewirksam war der Spalt allemal, da er das Spalten des Schmerzes durch die Wirkstoffe der Tablette symbolisierte. Der Spalt ließ sich in der Produktion außerdem leicht umsetzen.

Schon am 20. Oktober 1931 hatte Baginski eine Wort-/Bildmarke über die Firma „Dr. Ballowitz & Co." beim Deutschen Patent- und Markenamt angemeldet, die die typische Form zeigte. Am 15. Januar 1932 wurde die Marke „Spalt" für Arzneien und sogenannte kosmetische Mittel eingetragen. Im Juni 1932, dem Todesjahr Hans Muchs, begann die „Prof. Dr. Much'sche Präparate GmbH" damit, die Spalttabletten zunächst gratis an Berliner Apotheken zu verteilen. Kurz darauf war die neue Tablette überall käuflich zu erwerben.

Fast 1,4 Millionen Reichsmark, ca. 60 Prozent des Umsatzes, steckte Baginski im ersten Jahr im Kampf um die Marktführerschaft in die Produktwerbung, ein damals unvorstellbar großer Werbeetat. Die Tablette richtete sich an eine riesige Zielgruppe, Schmerz kannte schließlich jeder. So wurde die Spalttablette bald zum universellen Mittel gegen unterschiedlichste Schmerzen und profilierte sich neben ihren Konkurrenten Aspirin und Togal. Zwei Jahre später ging das Unternehmen an die Börse.

Der Kirchenstifter

Nach dem Ende des Zweiten Weltkrieges wurde Baginski, dessen Unternehmen sich im Ostteil Berlins befanden, enteignet und er selbst im ehemaligen Konzentrationslager Buchenwald interniert. Man warf ihm vor, Zwangsarbeiter beschäftigt zu haben. Er gelobte, im Falle seines Überlebens eine Kirche zu errichten. Nachdem er im August 1948 freigelassen worden war, ging er mit seiner Firma „Dr. Ballowitz & Co.", die einzig den Enteignungen entgangen und im Besitz aller Warenzeichen war, nach Westdeutschland und baute in Bad Soden, wo er seit 1933 Pächter der Mineralbrunnenverwaltung war, das Firmenimperium wieder auf. 1972 wurde dieses an das internationale Pharmaunternehmen American Home Products Corp., später Wyeth (heute Pfizer), angeschlossen. In Bad Soden stiftete Baginski 1955 die versprochene Kirche, in der er nach seinem Tod 1964 seine letzte Ruhe fand, und finanzierte Pfarrhaus und Kindergarten.

In den 1950er-Jahren führten die in einem metallenen Röhrchen mit dem Aufdruck „nur echt mit diesem Spalt" verpackten Tabletten das Ranking der meistgekauften Schmerztabletten in Deutschland an. Allein in den ersten drei Monaten des Jahres 1962 verkauften deutsche Apotheken 5,39 Millionen Packungen. In den 1960er-Jahren folgten die „brausende Spalt" sowie die „Doppelspalt". Spalt und Baginski gehörten zusammen: Er sei oft gefragt worden, ob er „der Herr Spalt" sei, denn er hätte „doch die Spalt-Tabletten gemacht".

In den 1980er-Jahren erhielt die bereits 50-jährige Tablette eine optische Frischekur. Die Fernsehwerbung „Spalt schaltet den Schmerz ab – schnell" sorgte dafür, dass neun von zehn Erwachsenen in Deutschland die Tablette kannten. Die „Spalt" mit der traditionellen Kerbe blieb der Klassiker in der größer werdenden Produktfamilie. Schmerzmittel haben Konjunktur, doch stellt der regelmäßige Konsum eine ernst zu nehmende Gefahr für die Gesundheit dar. Dagegen sind der von Baginski erfundene Universal-Flaschenverschluss und der Punktroller garantiert unbedenklicher, aber ziemlich in Vergessenheit geraten.

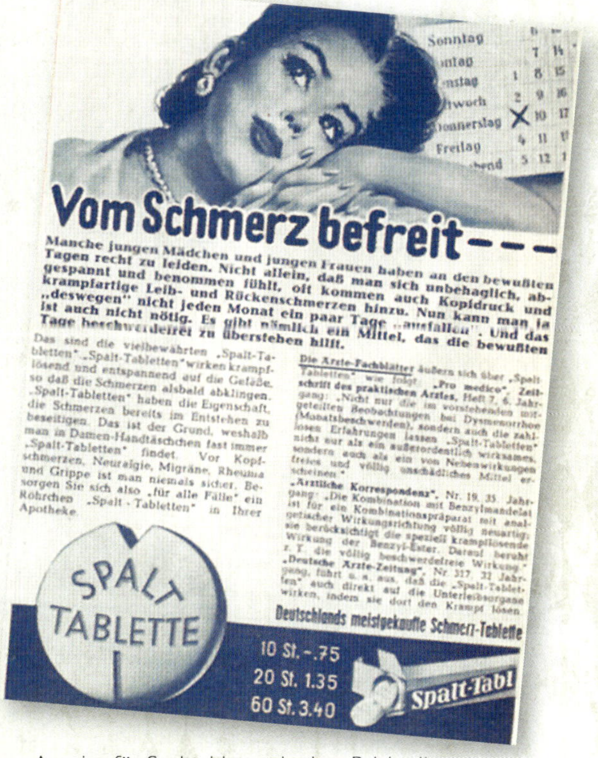

Anzeige für Spalttabletten in der „Brigitte" um 1954

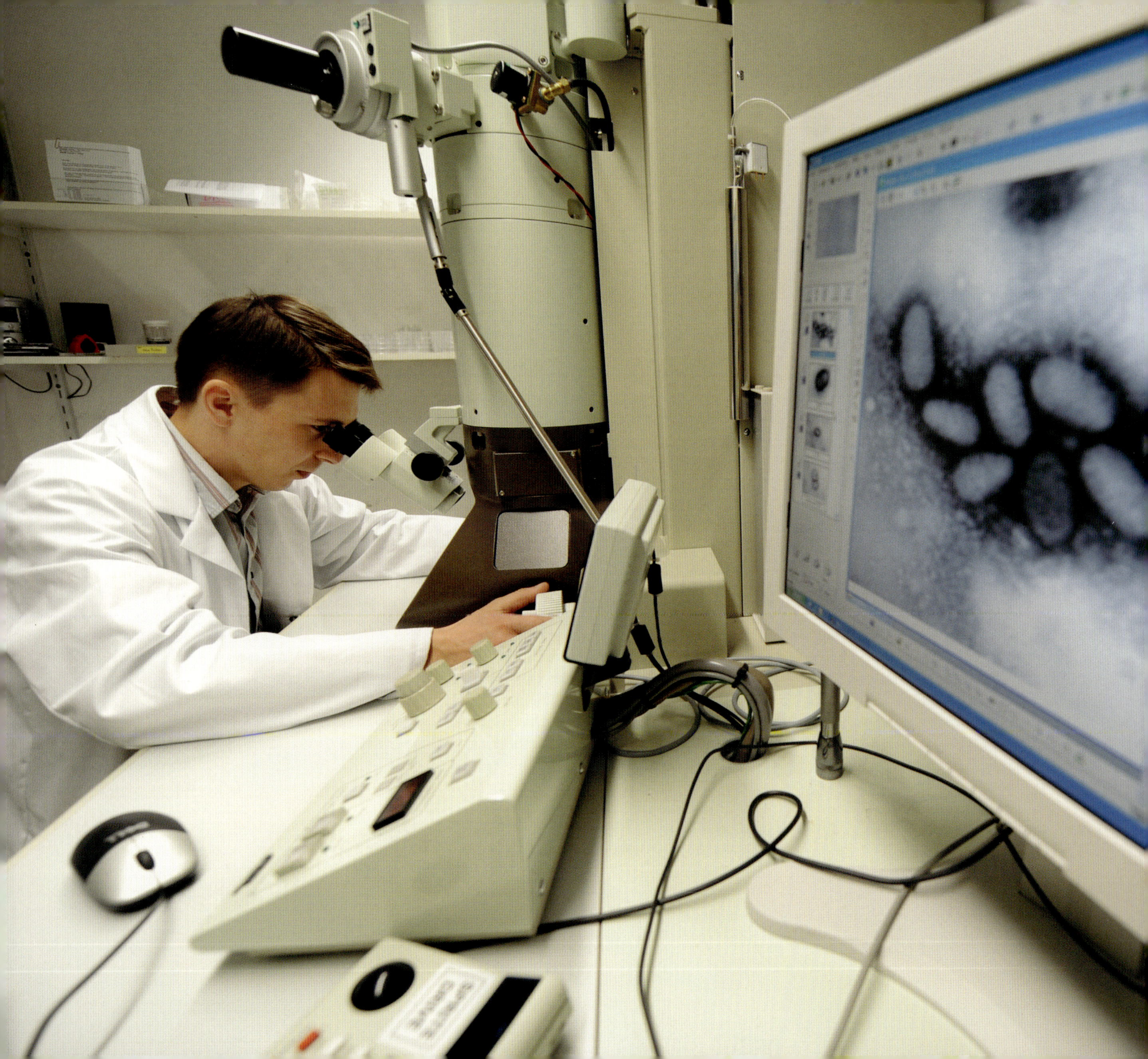

Das Elektronenmikroskop

Zweiter Vorstoß in die Welt des Mikrokosmos

„Nach allem, was im Gesichtskreis unserer heutigen Wissenschaft liegt, ist der Tragweite unseres Sehvorgangs durch die Natur des Lichtes selbst eine Grenze gesetzt, die mit dem Rüstzeug unserer Naturerkenntnis nicht zu überschreiten ist. Es bleibt natürlich der Trost, dass zwischen Himmel und Erde noch so manches ist, von dem sich unser Unverstand nichts träumen lässt. Nur glaube ich, dass diejenigen Werkzeuge, welche dereinst vielleicht unsere Sinne in der Erforschung der letzten Elemente der Körperwelt wirksamer als die heutigen Mikroskope unterstützen, mit diesem kaum etwas anderes als den Namen gemeinsam haben werden."

Ernst Abbe, 1876

Ernst Ruska arbeitet an dem von ihm entwickelten Elektronenmikroskop am Max-Planck-Institut 1948.

Kleine Welt ganz groß. Im 17. Jahrhundert verbesserte Antonis van Leeuwenhoek das von Zacharias Janssen erfundene Lichtmikroskop, das dem Menschen bis dahin ungeahnte Einsichten in den Mikrokosmos verschaffte. Die Brechung des Lichts an den Linsen im Mikroskop ermöglicht die Vergrößerung der Objekte. Der Physiker Ernst Abbe und der Fabrikant Carl Zeiss perfektionierten im 19. Jahrhundert die Bauweise des Mikroskops, das unterdessen 1500-fache Vergrößerungen erlaubte.

Dem Auflösungsvermögen der Lichtmikroskope waren jedoch Grenzen gesetzt. Objekte, die kleiner sind als die halbe Wellenlänge des blauen Lichts – das über die kürzeste Wellenlänge im Spektrum des sichtbaren Lichts verfügt –, können nicht mehr abgebildet werden. Dieses sogenannte Abbe-Limit liegt bei etwa 200 Nanometern. Die meisten Viren liegen damit beispielsweise „unter dem Radar". Erst im Verlauf der letzten 20 Jahre ist es der Fluoreszenzmikroskopie gelungen, die optische Auflösung auf einen halben Nanometer zu steigern. Bereits 1931 war es jedoch dem Elektroingenieur Ernst Ruska geglückt, das Abbe-Limit durch das Verfahren der Elektronenmikroskopie zu unterwandern.

Elektronen: besser als das Licht

Ernst Ruska wurde am ersten Weihnachtstag 1906 im beschaulichen Heidelberg geboren. Ab 1925 studierte er Elektrotechnik in München und Berlin und beschäftigte sich ab 1928 an der Technischen Hochschule Berlin in der Forschungsgruppe um Max Knoll mit Hochspannungs- und Vakuumtechnik.

Neben Rasterelektronenmikroskopen und Rastertunnelmikroskopen ist das von Ernst Ruska erfundene Transmissionselektronenmikroskop auch heute noch Standard in wissenschaftlichen Instituten und Einrichtungen wie im Stuttgarter Veterinäruntersuchungsamt: Ein Tierarzt untersucht den Pockenvirus eines Schafes.

Die Physik selbst erfuhr in dieser Zeit einen grundlegenden Wandel: Ausgehend von den Forschungen Max Plancks brach sich ab 1900 die Quantenphysik Bahn, die unter anderem postulierte, dass Licht sowohl Welle als auch Teilchenstrom ist (Welle-Teilchen-Dualismus). 1924 stellte der Physiker Louis de Broglie fest, dass nicht nur Licht, sondern sämtliche massebehafteten Teilchen Wellencharakter sowie Wellen Teilchencharakter aufweisen können. Ruska entwickelte daraus die Idee, dass sich Elektronenstrahlen wie Lichtstrahlen verhalten müssten, dass man sie also wie Licht ablenken und bündeln könne. 1931 gelang Ruska und Knoll ein erster Versuchsaufbau eines Elektronenmikroskops, das die Welleneigenschaften eines Elektronenstrahls ausnutzte.

Das Elektronenmikroskop funktioniert im Prinzip wie ein Lichtmikroskop: Statt Licht kommen hier aber hochbeschleunigte Elektronen zum Einsatz. Die Aufgabe der im Lichtmikroskop verwendeten Linsen übernehmen elektrische oder magnetische Felder im Elektronenmikroskop. Im Innern des Mikroskops herrscht Vakuum, da Luftmoleküle den Elektronenstrahl sonst ablenken oder zerstreuen würden. Das Objekt muss somit über eine Luftschleuse in das Mikroskop eingebracht werden. Nachdem der Elektronenstrahl Objektträger und Magnetfelder passiert hat, trifft er auf einen Leuchtschirm, wo die Energie der Elektronen in sichtbares Licht umgewandelt wird und somit ein für das menschliche Auge wahrnehmbares Bild entsteht. Aufgrund der so viel kürzeren Wellenlänge war eine weitaus höhere Auflösung möglich als mit einem Lichtmikroskop. Das erste funktionsfähige Elektronenmikroskop, das Ruska 1933 fertigstellte, erreichte bereits eine 12 000-fache Vergrößerung. Damit war die maximale 2000-fache Vergrößerung eines Lichtmikroskops deutlich übertroffen. Heute erreichen Elektronenmikroskope millionenfache Vergrößerung.

Der Physiker Ernst Ruska (l.) nimmt am 10. Dezember 1986 in Stockholm aus der Hand des schwedischen Königs Carl Gustaf den Nobelpreis für Physik, den er sich mit zwei anderen Wissenschaftlern teilt, entgegen.

Das „Übermikroskop“: vielseitig anwendbar

Ruskas Erfindung hatte die Grundlagen dafür geschaffen, aber die technische Weiterentwicklung des Elektronenmikroskops stieß an die engen finanziellen Grenzen einer Hochschule. 1933 wechselte Ruska zunächst zur Zehlendorfer „Fernseh-AG“, wo er Fernsehröhren und Fotozellen entwickelte. Gemeinsam mit dem Elektrotechniker Bodo von Borries gelang es ihm jedoch 1936/37, Siemens & Halske davon zu überzeugen, Geld in die Weiterentwicklung des Elektronenmikroskops zu stecken. Der 1934 promovierte Ruska wurde Chef des von Siemens finanzierten Laboratoriums für Elektronenoptik in Spandau. 1939 begann die Serienproduktion des „Siemens-Übermikroskops“, mit dem bis Anfang 1945 bereits 35 Institute ausgestattet werden konnten. Helmut Ruska, sein jüngerer Bruder, der Medizin studiert hatte, befasste sich gleichzeitig mit den Anwendungsmöglichkeiten in Bereichen wie der Medizin, Metallurgie, Kristallografie sowie der Biologie.

Nach dem Krieg musste das Siemens-Laboratorium völlig neu aufgebaut werden. Ruska, der sich 1944 an der Technischen Hochschule Berlin habilitiert hatte, leitete die Arbeiten am neuen Standort in Berlin-Siemensstadt. Hier wurden bereits 1949 die ersten Elektronenmikroskope „UEM 100“ ausgeliefert. Ruska nahm die Forschung wieder auf und entwickelte bis 1954 das „Elmiskop I“, das in den folgenden Jahren an über 1200 wissenschaftliche Institute in aller Welt verkauft wurde.

Mitte der 1950er-Jahre entschied Siemens jedoch, die Entwicklung noch höher auflösender Elektronenmikroskope herunterzufahren, was Ruska veranlasste, vollends in die Forschung zurückzukehren. Es war sein großes Ziel, ein Mikroskop mit einem Auflösungsvermögen von 0,1 Nanometern – das entspricht dem Durchmesser eines Atoms – zu entwickeln. Erst heutige Mikroskope erreichen allerdings diese Auflösung. Das Elmiskop schaffte aber immerhin schon 0,8 Nanometer.

Mikroskope auf Pendelfundamenten

Seit 1949 Honorarprofessor an der frisch gegründeten Freien Universität bzw. Privatdozent an der TU Berlin, übernahm Ruska 1959 eine außerplanmäßige Professur an der TU. 1957 wurde er Direktor des Instituts für Elektronenmikroskopie am Fritz-Haber-Institut der Max-Planck-Gesellschaft in Berlin-Dahlem. 1974 erhielt sein Institut einen Neubau mit zwei Türmen (heute: Ernst-Ruska-Bau). In den Türmen waren Pendelfundamente eingebaut, um die darin befindlichen Elektronenmikroskope gegen verkehrsbedingte Erschütterungen abzuschirmen.

Im gleichen Jahr zog sich Ruska mit 68 Jahren aus dem Arbeitsleben zurück. Die Elektronenmikroskopie, der die Menschheit unzählige Erkenntnisse und Errungenschaften verdankt, war zu diesem Zeitpunkt aus der Wissenschaft nicht mehr wegzudenken. Die Laufbahn des Ingenieurs Ruska, der Ehrenmitglied verschiedener wissenschaftlicher Gesellschaften, Ehrendoktor zahlreicher Universitäten, Träger von Auszeichnungen und Medaillen war, krönte 1986 der Nobelpreis für Physik. Ruska erhielt ihn gemeinsam mit den Erfindern des Rastertunnelmikroskops, den Physikern Heinrich Rohrer und Gerd Binnig.

Der Ernst-Ruska-Bau in Dahlem zeichnet sich durch seine beiden Türme aus, in denen Elektronenmikroskope auf Pendelfundamenten ruhen.

Das Perlon

Chemie zum Fliegen und Anziehen

„So haben wir denn, mein Laborant und ich, reines Caprolactam mit Aminocapronsäurehydrochlorid und einer Spur Wasser in ein Glasrohr eingeschmolzen und dieses in der Nacht vom 28. auf den 29. Januar 1938 in einem sogenannten Bombenofen auf 240° erhitzt. Eigentlich erwarteten wir nur ein halbes Resultat, eine Ermutigung. Doch das Unwahrscheinliche wurde Ereignis. Dieser erste Versuch war ein voller Erfolg. Als wir am Morgen das Rohr öffneten, konnten wir ein hochelastisches Formstück Polyamid 6 entnehmen.“

Paul Schlack

Paul Schlack, Erfinder des Perlon, 1968 im Labor des Instituts für Textilchemie in Stuttgart

1935 war es dem US-amerikanischen Chemiker Wallace Hume Carothers, seit 1928 Forschungsleiter beim Chemiekonzern DuPont, erstmals gelungen, eine vollständig synthetische Faser aus Kohlenstoff, Wasser und Luft herzustellen. Die dehnbare und reißfeste Wunderfaser erhielt aber erst nach Carothers Freitod im Jahr 1937 ihren noch heute weltbekannten Namen Nylon. Deshalb gehört die Geschichte der Namensgebung vermutlich ins Reich der Legenden: Carothers soll vor Begeisterung angesichts des wankenden japanischen Seidenhandelsmonopols „**N**ow, **y**ou've **l**ost **o**ld **N**ippon!“ ausgerufen haben, woraus sich die Anfangsbuchstaben Nylon ergeben.

Es dauerte nochmals drei Jahre, bis Carothers' inzwischen patentierte Erfindung reif für die industrielle Massenfertigung war. 1938 schwärmte Charles Stine, Manager von DuPont, die Textilfaser könne „zu Fäden gezogen werden, die stark sind wie Stahl, fein wie ein Spinnennetz, aber geschmeidiger als jede gebräuchliche Naturfaser, mit einem wunderbaren Glanz“. Da steckte Deutschland bereits in den Kriegsvorbereitungen, und ein Berliner Chemiker war ebenfalls auf der Suche nach einer künstlichen Faser mit den gleichen Eigenschaften, um sowohl bevorstehende Rohstoffknappheit als auch die teuren Lizenzen des amerikanischen Patents zu umgehen.

Der Nylon-Konkurrent

Paul Schlack, 1897 in Stuttgart geboren, war seit 1926 Leiter der Forschungsabteilung der zur IG Farben gehörenden Firma Aceta in Berlin-Lichtenberg. Hier wurde vor allem Kunstseide produziert, eine halbsynthetische, aus Zellulose be-

Es dauerte eine Weile, bis die Perlon- und Strumpfproduktion nach dem Krieg in Deutschland wieder anlief. 1953 nimmt eine westdeutsche Strumpffabrik neue Maschinen in Betrieb. Ein Mannequin begutachtet das Ergebnis.

stehende Faser. Schlack, auf der Suche nach *seiner* Faser, hatte die Patentschrift für Nylon ausgiebig studiert und dabei festgestellt, dass Carothers auch mit dem ringförmigen Molekül Caprolactam, das im Wesentlichen aus dem Steinkohlendestillat Phenol gewonnen wird, experimentiert, es aber als ungeeignet zur Herstellung einer reißfesten Faser verworfen hatte.

Hier setzte Schlack im Januar 1938 mit seinen eigenen Experimenten an. Schlack gelang es, die Ringverbindung von Caprolactam zu knacken und daraus Kettenmoleküle (Polymere) zu bilden. Aus der Polycaprolactamschmelze ließen sich endlose Fäden ziehen, die genau die gleichen Eigenschaften wie die Nylonfasern aufwiesen. Sie waren reißfest, dehnbar und temperaturbeständig. Das war die Geburtsstunde des Polycaprolactam, Polyamid 6 oder „Perluran", bekannt als „Perlon". Nun hatte auch Deutschland sein Polyamid, ohne dass man das amerikanische Patent verletzte. Im Sommer 1938 meldete Schlack sein Perlon zum Patent an.

Als Vertreter DuPonts nach Deutschland kamen, um Lizenzen für Nylon zu verkaufen, staunten sie nicht schlecht, als ihnen das dem Nylon in nichts nachstehende Perlon gezeigt wurde. Nachdem eine Patentrechtsverletzung ausgeschlossen worden war, einigten sich DuPont und IG Farben auf einen Deal. Sie vereinbarten ein „Kunstfaser-Kartell", in dessen Zuge beide Unternehmen die Absatzmärkte unter sich aufteilten. Die IG Farben blieb mit Perlon im Osten konkurrenzlos, DuPont konnte Nylon dafür in Westeuropa vertreiben und vergab Lizenzen an die „Imperial Chemical Industries" in England, die „Société des usines chimiques Rhône-Poulenc" in Frankreich und den Montecatini-Konzern in Italien. Die Zusammenarbeit bestand formal bis zum Kriegseintritt der USA.

Werbeplakat für Perlonstrümpfe der Firma Palmers, 1953

Schon zuvor schätzte die Wehrmacht die Produktion von Perlon als kriegswichtig ein. Statt Damenstrümpfen entstanden aus der Kunstfaser Seile, Hochdruckschläuche für Flugzeugreifen und Kunststoffborsten für die Reinigung von Waffen. 1943 begann die Großproduktion von Fallschirmen aus Perlon, da aus Japan keine Seide mehr nach Europa gelangte. Für seine Erfindung wurde Schlack mit dem Kriegsverdienstkreuz ausgezeichnet.

Das Militär war auch in den USA Hauptabnehmer der Wunderfaser. Das in dem 1939 gebauten Werk in Seaford hergestellte Nylon ging zu 100 Prozent in die Rüstung, auch hier hauptsächlich zur Herstellung synthetischer Fallschirmstoffe. 1939 begann man hingegen auch mit der Nylon-Produktion für den zivilen Gebrauch. Der 15. Mai 1940 ging als „N-Day" in die Textilgeschichte der USA ein: Im ganzen Land startete der Verkauf echter „Nylons". Fünf Millionen Paar der begehrten Damenstrümpfe sollen allein am ersten Tag verkauft worden sein.

Die müffelnden Fünfziger

Das Ende des Zweiten Weltkrieges bedeutete das Aus für den IG-Farben-Konzern. Er wurde auf Beschluss des Alliierten Kontrollrates zerschlagen. Aus vielen Kunstfaserfabriken, die nun hauptsächlich in der sowjetischen Zone lagen, wurden die Maschinen demontiert und als Reparationsleistungen in die Sowjetunion verbracht. Die Perlon-Herstellung lag am Boden. Der Westen hatte etwas mehr Glück: Zahlreiche Care-Pakete aus den USA enthielten die „Nylons" ebenso wie amerikanische Zigaretten – beides war begehrte Währung auf dem Schwarzmarkt. Die Strümpfe wechselten teils für 200 Reichsmark den Besitzer – das entsprach dem Monatsgehalt einer Sekretärin. Frauen, die keine Strümpfe ergattern konnten, malten sich nicht selten mit einem Augenbrauenstrich eine Strumpfnaht aufs Bein, um die edle Faser so wenigstens vortäuschen zu können.

Vier Jahre nach Kriegsende lief die Produktion von Perlon wieder an: Schlack begann im vormaligen IG-Traditionsbetrieb Bobingen bei Augsburg erneut mit der Herstellung von Viskose-Kunstseide, Perlonborsten und Perlonfasern. Die Werke in Dormagen und in Obernburg am Main produzierten mit Wolle oder Zellwolle versponnenes „Perwollon", oder „Perzellon" für äußerst haltbare Perlonsocken und Perlonstrümpfe. Die Produktion deckte jedoch bei Weitem nicht den Bedarf, und der Preis war dementsprechend hoch: 50 bis 60 DM pro Kilo. Erst seit etwa 1952 stand Perlon wieder in ausreichender Menge zur Verfügung, das die bereits 92 Strumpfwirkereien verarbeiteten. Die nun erschwinglichen Perlonstrümpfe lösten die Kunstseide schnell ab. Im selben Jahr ließ sich die westdeutsche Kunstfaserindustrie auch den Markennamen schützen.

In den Produktionsstätten der DDR – in Rudolstadt-Schwarza, Wilhelm-Pieck-Stadt Guben und Premnitz – wurden bald ebenfalls wieder Kunstfasern hergestellt, die sich in Anlehnung an das Kürzel DDR ab 1959 Dederon nannten. In Teltow-Seehof wurde sogar eine „Akademie für Kunstfaserforschung" gegründet.

In den 1950er- und 60er-Jahren avancieren die Wunderfasern zum Lieblingsmaterial der Textilfirmen: Nicht nur Strümpfe, auch Kleider, Blusen und Herrenhemden ließen sich daraus herstellen. Sie hatten nur einen Nachteil: Man müffelte schnell. Das Material ließ keine Luft an die Haut, der Schweiß drang in die Fasern ein und blieb dort hartnäckig.

Für Kleidung gibt es inzwischen andere Fasern, Perlon ist aber nach wie vor vielseitig einsetzbar: Das Spektrum reicht von Angelschnüren über Teppichfasern und Tennisschläger bis zur Zahnbürste. Gegenwärtig stellt die Chemieindustrie weltweit vier Millionen Tonnen Perlon pro Jahr her – das ist fast das Doppelte der Nylon-Produktion. Der Erfinder des Perlon, Paul Schlack, wurde 1961, noch im Alter von 64 Jahren, Honorarprofessor für Textilchemie an der TH Stuttgart. Nach seiner Emeritierung 1968 starb er im hohen Alter 1987 in Stetten.

Anstehen für Nylon: Ob Perlon oder Nylon – die Strümpfe waren nach dem Krieg absolute Mangelware und extrem begehrt. Eine lange Schlange hat sich am 2. Dezember 1946 vor einem Londoner Geschäft gebildet, das die Luxusware noch auf Lager hat.

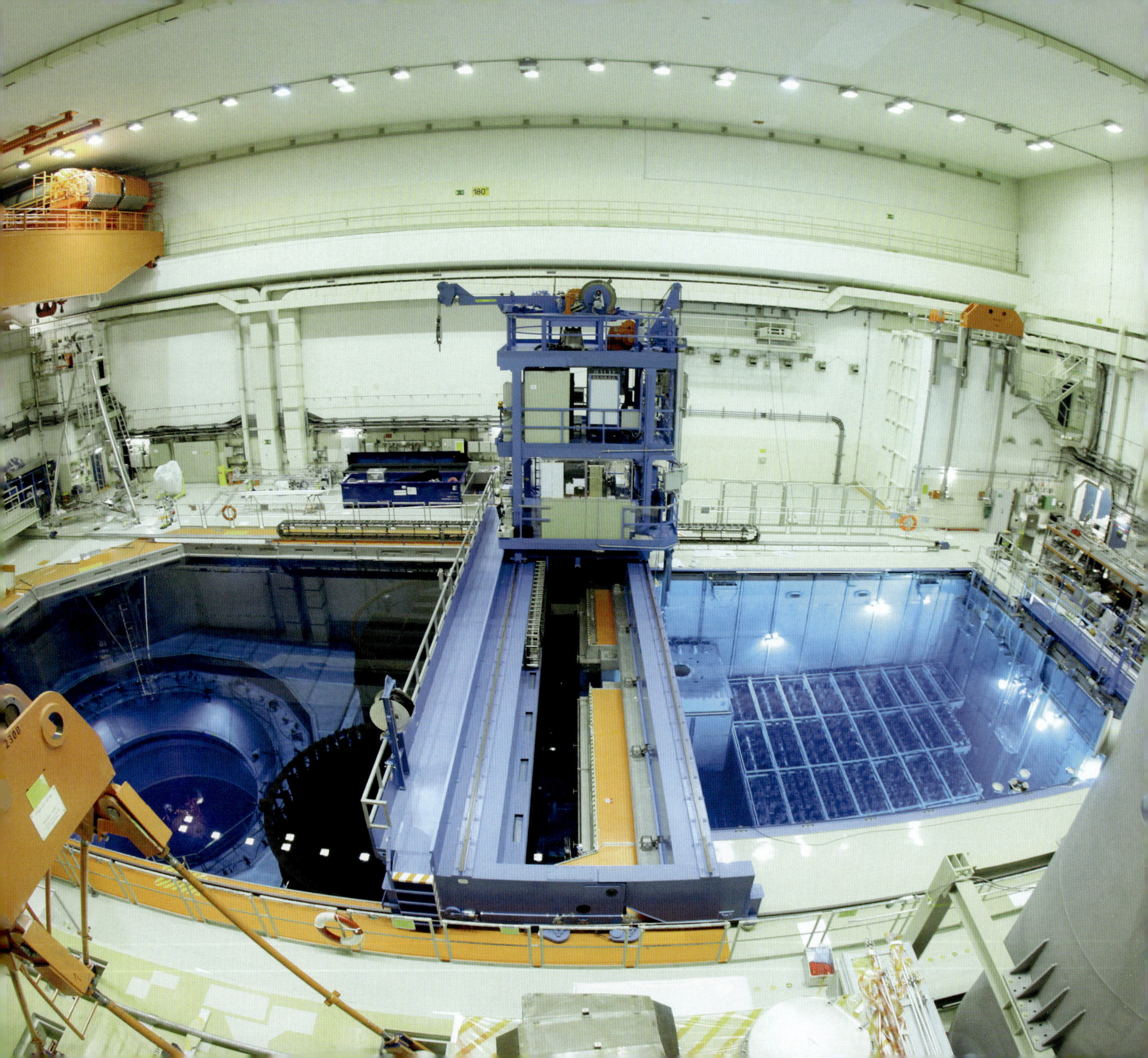
180°

Die Kernspaltung

Eine folgenschwere Entdeckung

„Die Entdeckung der Uranspaltung durch Otto Hahn und Fritz Straßmann hat ein neues Zeitalter in der Geschichte der Menschheit eröffnet."

Lise Meitner

Versuchsaufbau, mit dem die Wissenschaftler Otto Hahn und Fritz Straßmann am 17. Dezember 1938 in Berlin die Kernspaltung entdeckten

Seit der Antike galten Atome als unteilbar (atomos = altgriechisch für unteilbar), als kleinste unveränderliche Bauteile der Materie. Um 1900 geriet diese Vorstellung erstmals ins Wanken. Ernest Rutherford erkannte schon 1903, dass sich Radionuklide unter Aussendung von Strahlung umzuwandeln schienen – eine bemerkenswerte Erkenntnis angesichts der Tatsache, dass Rutherfords Schüler Niels Bohr erst 1912 sein Bohrsches Atommodell aufstellte. 1919 gelang es Rutherford erstmals, Stickstoff durch Bestrahlung mit Alphateilchen (Heliumkernen) in Sauerstoff – das nächstschwerere Element – umzuwandeln.

Uran unter Beschuss

Die Zeit der Kernphysik war angebrochen. In Paris am Radium-Institut und in Berlin am Kaiser-Wilhelm-Institut (KWI) für Chemie forschte man intensiv an der Umwandlung von Atomkernen. 1934 bestrahlten Irène Joliot-Curie und ihr Ehemann Frédéric Joliot nichtradioaktive, leichte chemische Elemente mit Alphateilchen und wandelten sie in Radionuklide um, sogenannte künstlich radioaktive Isotope.

Isotope sind Atomsorten des gleichen Elements, deren Atomkerne immer die gleiche Anzahl an Protonen, aber eine unterschiedliche Anzahl an Neutronen aufweisen. Das Element Kohlenstoff mit einer stets gleichbleibenden Anzahl von sechs Protonen beispielsweise weist acht verschiedene Isotope mit jeweils unterschiedlichen Neutronenzahlen auf. Sechs Kohlenstoffisotope sind instabil und damit Radionuklide. Das bekannteste radioaktive Kohlenstoffisotop ist C 14, das unter Aussendung von Betastrahlen (Elektronen) zerfällt. Die Halbwertszeit eines radioaktiven Isotops bezeichnet dabei die Zeitspanne, nach der die Hälfte der ursprünglich unzerfallenen Kerne noch vorhanden ist.

Blick auf das Brennelemente-Lagerbecken (r.) und den Flutraum mit dem geöffneten Reaktor (l.) im Kernkraftwerk Krümmel bei Hamburg

Otto Hahn und Lise Meitner in ihrem Berliner Labor, 1919

Enrico Fermi in Rom versuchte nach den Pariser Experimenten, nicht nur leichtere, sondern auch schwerere chemische Elemente in radioaktive Isotope umzuwandeln, indem er sie ebenfalls 1934 mit den erst zwei Jahre zuvor nachgewiesenen Neutronen beschoss. Die Umwandlung ereignete sich stets nach folgendem Schema: Der beschossene Atomkern nimmt das Neutron auf und wird damit zu einem instabilen (radioaktiven) Isotop, das sich anschließend unter Aussendung von Betastrahlung in ein stabiles Isotop des nächstschwereren Elements umwandelt.

Das schwerste in den 1930er-Jahren bekannte Element war Uran. Natürlich wurde auch dieses zur Zielscheibe von Neutronenstrahlen. Man ging in Rom, Paris und Berlin davon aus, dass sich durch Uranbeschuss „Transurane" gewinnen ließen, also Elemente, die schwerer waren als Uran selbst. Im Zuge dieser Experimente kam es in Berlin 1938 zu einer weltverändernden Überraschung. Hier begann die Geschichte der künstlichen Kernspaltung im Gegensatz zum natürlich oder künstlich erzeugten radioaktiven Zerfall.

Spaltung statt Umwandlung

Am KWI für Chemie in Berlin-Dahlem forschten Lise Meitner, Leiterin der Abteilung für Physik, Otto Hahn, Direktor des KWI und Leiter der Abteilung für Radiochemie, sowie der analytische Chemiker Fritz Straßmann, Assistent Otto Hahns. Hahn und Meitner, die bereits seit 1907 zusammenarbeiteten, waren beide Professoren an der Berliner Universität. Die 1878 in Wien geborene Physikerin und Mathematikerin Meitner, die als zweite Frau überhaupt an der Wiener Universität promoviert hatte, bekam die Folgen der nationalsozialistischen Machtübernahme aufgrund ihrer jüdischen Abstammung bereits 1933 zu spüren: Man entzog ihr die Lehrbefugnis. Da sie Österreicherin war, konnte sie ihre Forschung und ihre Suche nach Transuranen in Zusammenarbeit mit Hahn und Straßmann jedoch zunächst fortsetzen.

Das änderte sich mit Österreichs „Anschluss" an das Deutsche Reich im Frühjahr 1938. Im Sommer desselben Jahres erschien die letzte gemeinsame Veröffentlichung von Hahn, Meitner und Straßmann, bevor Meitner mit Hahns Unterstützung nach Stockholm emigrierte. Sie blieb mit Hahn im engen brieflichen Austausch, der die Bestrahlungsexperimente weiter fortsetzte, um endlich den chemischen Nachweis für Transurane erbringen zu können.

Worauf Hahn und Straßmann am 17. Dezember 1938 in Berlin aber letztlich stießen, waren Isotope von Barium – einem Element, das ganz und gar kein Transuran darstellte, sondern um einiges leichter war als Uran. Offensichtlich war der Uran-Atomkern „zerplatzt". Zwei Tage später schrieb Hahn an Meitner: „Vielleicht kannst Du irgend eine phantastische Erklärung vorschlagen. Wir wissen dabei selbst, dass [Uran] eigentlich nicht in Ba[rium] zerplatzen kann." Meitner antwortete am 21. Dezember 1938:

> *„Mir scheint die Annahme eines so weitgehenden Zerplatzens sehr schwierig, aber wir haben in der Kernphysik so viele Überraschungen erlebt, dass man auf nichts ohne weiteres sagen kann: es ist unmöglich."*

Lise Meitner, die die Weihnachtstage bei Freunden in der Nähe Göteborgs verbrachte, bat ihren Neffen Otto Frisch, sie dort zu besuchen. Für Frisch, Physiker am Kopenhagener Institut von Niels Bohr, wurde es „der bedeutungsvollste Besuch" seines Lebens. In nur wenigen Tagen fanden er und Meitner die Lösung für Hahns Problem. Frisch erkannte, dass der Urankern aufgrund seiner Größe sehr instabil sein musste. Dieses labile Gebilde wurde durch den Beschuss mit Neutronen in so starke Schwingungen versetzt, dass sich der Kern wie ein Wassertropfen einschnürte und in zwei etwa gleich große Stücke teilte. Schon 1905 hatte Albert Einstein aus seiner Relativitätstheorie hergeleitet, dass aus Masse Energie entstehen könne. Da die entstandenen Elemente zusammen weniger Masse als der Ursprungskern aufwiesen, musste demzufolge Energie freigesetzt worden sein.

Das janusköpfige Gesicht der Kernspaltung

Im Februar 1939 veröffentlichten Meitner und Frisch ihre Interpretation in der Wissenschaftszeitschrift „Nature". Darin gab Frisch dem bislang unbekannten Typ einer Kernreaktion auch einen Namen: „nuclear fission" – Kernspaltung. Frisch, der Anfang Januar nach Kopenhagen zurückkehrte, besprach mit Bohr die Ergebnisse. Dieser erkannte 1939, dass zwischen leicht und schwer spaltbarem Uran unterschieden werden müsse. Das in der Natur vorkommende Uran besteht zu 99,3 Prozent aus dem relativ stabilen Uranisotop 238. Uran 235, das einen Anteil von nur 0,7 Prozent am Natururan aufweist, hat demgegenüber drei Neutronen weniger, ist äußerst instabil und leicht spaltbar. Hahn und Straßmann hatten also die Spaltung von Uran 235 in zwei mittelschwere Atomkerne (Barium und Krypton) beobachtet. Daneben sind auch zahlreiche andere Zerfallsprodukte möglich: Lanthan und Brom, Selen und Caesium oder Antimon und Niobium. Heute sind über 200 Kombinationen bekannt. Im April 1939 fand Frédéric Joliot das letzte Puzzleteil: Er entdeckte, dass bei jeder Spaltung zwei bis drei Neutronen freigesetzt werden, die wiederum weitere Urankerne treffen und damit eine Kettenreaktion auslösen.

Der Nachweis der Kernspaltung war eine der bedeutendsten, aber auch der folgenschwersten Entdeckungen in der Geschichte der Naturwissenschaften. Da die bei der Spaltung von einem Gramm Uran freigesetzte Energiemenge zweieinhalb Millionen mal größer ist als bei der Verbrennung von einem Gramm Steinkohle, eröffneten sich völlig neue Perspektiven für die Energiegewinnung. Aber nicht nur der Kernreaktor, auch die Atombombe rückte damit in greifbare Nähe.

Otto Hahn, der ein gefragter Mann geworden war, erhielt 1944 den Chemie-Nobelpreis, der ihm jedoch kriegsbedingt erst am 10. Dezember 1946 überreicht werden konnte. Lise Meitner, ohne die die Entdeckung der Kernspaltung nicht möglich gewesen wäre, wurde vom Nobelpreiskomitee ignoriert und auch von Hahn mit keinem Wort erwähnt.

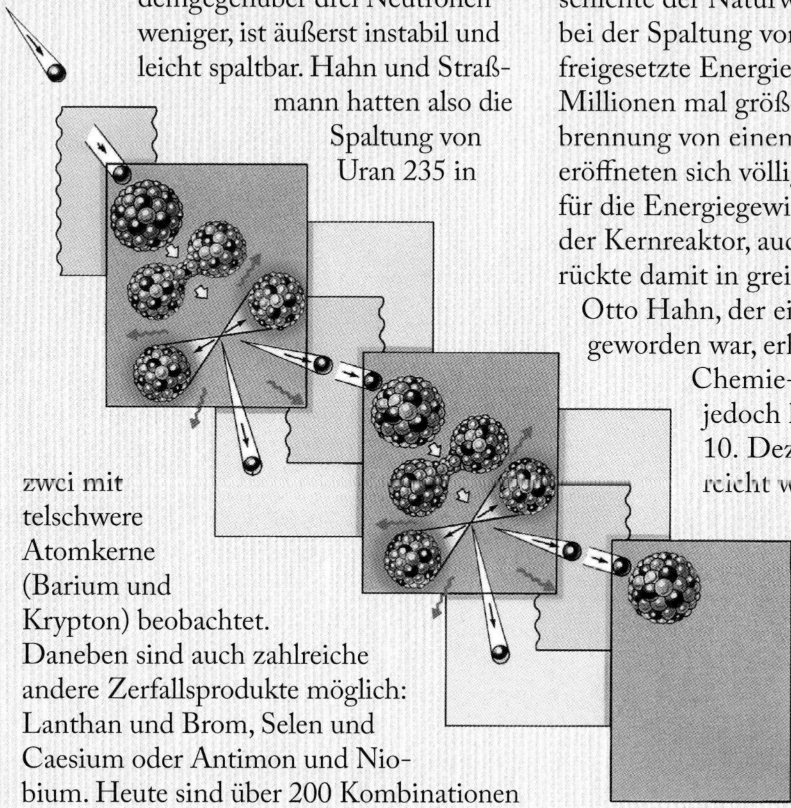

Ablauf einer atomaren Kettenreaktion: Ein Atomkern wird mit Neutronen beschossen und teilt sich unter Aussendung von Strahlung und Neutronen in zwei Spaltprodukte. Die ausgesendeten Neutronen treffen weitere Kerne und lösen die Kettenreaktion aus. Diese Reaktion läuft im Kernkraftwerk kontrolliert ab, während sich bei einer Atombombe eine unkontrollierte Kettenreaktion abspielt.

Der Computer

Aus dem Leben nicht mehr wegzudenken

„Bisher war der Bürger durch die Trägheit der Bürokratie vor vielen Übergriffen des Bürokratismus geschützt. Jetzt kommt der Computer und macht das alles in Millisekunden.“

Konrad Zuse

Computer sind aus unserer heutigen Zeit gar nicht mehr wegzudenken. Dabei werden die Computerchips immer kleiner und die Rechen- und Speicherkapazitäten immer größer. Man macht sich heute kaum mehr bewusst, dass die ersten einfachen Rechenmaschinen Zimmergröße hatten. Noch wenigere wissen, dass der erste programmgesteuerte Computer eine Berliner Pflanze ist.

Konrad Zuse wurde am 22. Juni 1910 als Sohn des Postbeamten Emil Zuse in Deutsch-Wilmersdorf geboren, das 1920 nach Groß-Berlin eingemeindet wurde. Der junge Zuse wuchs im ostpreußischen Braunsberg auf, wohin der Vater 1912 versetzt worden war. 1923 zog die Familie nach Hoyerswerda. Bereits früh zeigte sich das Erfindertalent des Jungen: Mit 14 Jahren baute er „Zuses Mandarinenautomat“, der gegen Münzeinwurf das begehrte Obst und sogar Wechselgeld herausgab. Nach seinem Abitur 1928 ging Zuse nach Berlin, um Maschinenbau an der Technischen Hochschule Charlottenburg zu studieren, wechselte aber bald zur Architektur, dann zum Bauingenieurswesen. Er sei ein „Bummelstudent“ gewesen, sagte er später über seine Studienzeit, die er 1935 als diplomierter Ingenieur abschloss.

Bei den Henschel-Flugzeugwerken in Berlin-Schönefeld erhielt er eine aussichtsreiche Stelle als Statiker – die er kurz darauf wieder kündigte. Er sei einfach „zu faul zum Rechnen“ gewesen. Stattdessen richtete er sich im Berliner Wohnzimmer seiner Eltern eine „Erfinderwerkstatt“ ein, um eine Maschine zu entwickeln, die das stupide Rechnen übernehmen könne. Natürlich war Zuse nicht der Erste, der sich das Leben einfacher machen wollte. Einige geniale Köpfe vor ihm wie Blaise Pascal, George Boole, Gottfried Wilhelm Leibniz, Ada Lovelace oder Charles Babbage haben die theoretischen Grundlagen geliefert oder sich an der Entwicklung einer Rechenmaschine versucht. Doch niemandem ist dies so gründlich gelungen wie Zuse. Im Juni 1937 schrieb Zuse in seinem Tagebuch: „Seit etwa einem Jahr beschäftige ich mich mit dem Gedanken des mechanischen Gehirns.“

Im elterlichen Wohnzimmer konstruierte Konrad Zuse 1937/38 die Z1, die aus 30 000 Weichblechen bestand.

Mit Blechen rechnen

Das Ergebnis war die 1938 fertiggestellte erste programmierbare, mechanische Rechenmaschine Z1. Der etwa eine Tonne wiegende Prototyp, der fast das gesamte Wohnzimmer einnahm, bestand aus etwa 30 000 mit der Laubsäge bearbeiteten Weichblechen. Die mechanischen Schaltglieder konnten Metallstifte in jeweils

Die von Horst Zuse, dem Sohn Konrad Zuses, nachgebaute Z3 befindet sich zurzeit im Technikmuseum Berlin.

zwei Positionen verschieben. Die Z1 arbeitete nämlich mit binären Zahlen (null und eins). Sie verfügte schon über alle Bausteine eines modernen Computers: ein Ein- und Ausgabewerk im Dezimalsystem sowie eine Rechen-, eine Speicher- und eine Programmeinheit. Letztere las die Steuerbefehle von gelochten Filmstreifen ab.

Für die Z1 hatte Zuse eine Methode entwickelt, mit deren Hilfe sehr kleine und sehr große Zahlen hinreichend genau verarbeitet werden konnten (Gleitkommaarithmetik) – das Verfahren kommt noch heute zur Anwendung. Die von einem Staubsaugermotor angetriebene Z1 benötigte für eine Addition etwa drei Sekunden. Die vollständig privat und durch Freunde finanzierte erste Rechenmaschine Zuses wurde im Bombenhagel des Zweiten Weltkriegs zerstört. Etwa 45 Jahre später, im Jahr 1986, entschloss sich Konrad Zuse, sein Erstlingswerk noch einmal zu bauen – dieses Mal mit finanzieller Unterstützung der Siemens AG. Da auch die Planungsunterlagen im Krieg verbrannt waren, konnte er sich nur auf seine Erinnerungen verlassen. Der Z1-Nachbau kann heute im Deutschen Technikmuseum Berlin bewundert werden.

Da die mechanischen Schaltwerke der Z1 regelmäßig klemmten, setzte Zuse 1939 im Rechenwerk seines Prototyps Z2 800 Telefonrelais ein – der Speicher funktionierte nach wie vor rein mechanisch. Ein Relais ist ein elektrisch

Konrad Zuse baute in den 1980er-Jahren seine kriegszerstörte Z1 erneut auf.

betriebener Schalter, der die zwei Einstellungen „an" und „aus" kennt. Dem binären Zahlensystem entsprechend fließt pro Bit entweder Strom (1) oder nicht (0). Ein Relais entspricht also einem Bit.

Die berühmte Z3

Mit Kriegsbeginn musste Zuse seine Arbeit unterbrechen, weil er eingezogen wurde. Den Henschel-Flugzeugwerken gelang es, Zuse „unabkömmlich" stellen zu lassen, da er dort kurz darauf Spezialrechner zur Flügelvermessung einer ferngesteuerten „Gleitbombe" entwickelte. Als Zuse seine Z2 1940 der Deutschen Versuchsanstalt für Luftfahrt vorführte, fand sich diese bereit, die Entwicklung finanziell zu unterstützen. 1941, mitten im Krieg, gründete der junge Tüftler die Firma „Zuse Ingenieurbüro und Apparatebau". Hier entstand noch im selben Jahr die Z3, die Zuse am 12. Mai vor Wissenschaftlern in seiner Werkstatt vorstellte.

Die Z3 bestand – im Gegensatz zur Z2 – komplett aus Relais: Etwa 600 waren im Rechenwerk, 1600 im Speicher verbaut. Wie die Z1 wog Zuses dritte Rechenmaschine ebenfalls eine Tonne und war so groß wie eine Wohnzimmerschrankwand. Die Z3 arbeitete bereits um einiges schneller als ihre Vorgängerinnen: Für eine Addition benötigte sie nur noch 0,8 Sekunden, eine Multiplikation erforderte drei Sekunden.

Über 250 000 Reichsmark flossen aus Rüstungsbetrieben und NS-Institutionen in Zuses Firma und seine Entwicklungen, doch spielten die Zuse-Rechner militärisch keine Rolle mehr.

Auch die Original-Z3 ging im Bombenhagel 1943 unter. Einen funktionstüchtigen Nachbau der Z3 kann man im Deutschen Museum in München, temporär aber auch im Deutschen Technikmuseum Berlin sehen, wo Professor Horst Zuse, der Sohn Konrad Zuses, den Besuchern persönlich die Z3 vorführt.

Das Computerzeitalter bricht an

Neben der Computerentwicklung hatte Zuse zudem von 1942 bis 1946 die erste höhere Programmiersprache der Welt erdacht: das sogenannte Plankalkül. Mit dem Bau der Z4 begann Zuse 1942, konnte sie vor Kriegsende jedoch nicht fertigstellen. Als die Sowjetarmee vor den Toren der Stadt stand, verließ Zuse mit seiner Frau und einem Lastwagen voller Z4-Bauteile Berlin und zog zunächst nach Göttingen, dann ins Allgäu. Die Z4 wurde restauriert und fertiggestellt und fand ihren ersten Einsatz ab 1950 an der Eidgenössisch-Technischen Hochschule Zürich. Das lieferte Zuse die finanziellen Mittel zur Gründung der „Zuse KG" 1949. Bis 1964 stellte die Firma 250 Computer im Wert von 100 Millionen DM her.

Tatsächlich konnte Zuse erst in den 1960er-Jahren beweisen, dass seine kriegszerstörte Z3 bereits 1941 voll funktionsfähig war. Zuse war zu dieser Zeit nicht der Einzige gewesen, der an Rechenmaschinen gebastelt hatte. Insbesondere in den USA und in England hatten Computerpioniere wie Alan Turing, George Stibitz, Vincent Atanasoff, Howard Aiken, John von Neumann und andere erfolgreich an Rechnern getüftelt. Dennoch: Die Z3 war der erste vollautomatische, funktionsfähige, frei programmierbare, auf dem binären Zahlensystem und der binären Schaltungstechnik beruhende Rechner der Welt.

Mit der ausländischen Konkurrenz konnte seine Firma dennoch bald nicht mehr mithalten. Am 18. Dezember 1995 starb Zuse im Alter von 85 Jahren in Hünfeld: Die rasante Entwicklung der Computertechnik hat der Pionier noch miterlebt. Angesprochen auf die Probleme, die Computer auch mit sich bringen würden, antwortete er:

„Wenn die Computer zu mächtig werden, dann zieht den Stecker aus der Steckdose."

Detail der Z1: Die Programmeinheit las die Steuerbefehle von gelochten Filmstreifen ab.